George Ashcroft

Niekonwencjonalna produkcja ropy naftowej w USA

George Ashcroft

Niekonwencjonalna produkcja ropy naftowej w USA

Czy niekonwencjonalne wydobycie ropy naftowej w USA jest zrównoważone w dobie amerykańskiej niezależności energetycznej?

Wydawnictwo Bezkresy Wiedzy

Imprint
Any brand names and product names mentioned in this book are subject to trademark, brand or patent protection and are trademarks or registered trademarks of their respective holders. The use of brand names, product names, common names, trade names, product descriptions etc. even without a particular marking in this work is in no way to be construed to mean that such names may be regarded as unrestricted in respect of trademark and brand protection legislation and could thus be used by anyone.

Cover image: www.ingimage.com

This book is a translation from the original published under ISBN 978-620-0-32311-8.

Publisher:
Wydawnictwo Bezkresy Wiedzy
is a trademark of
Dodo Books Indian Ocean Ltd., member of the OmniScriptum S.R.L Publishing group
str. A.Russo 15, of. 61, Chisinau-2068, Republic of Moldova Europe
Printed at: see last page
ISBN: 978-620-0-54787-3

Czy niekonwencjonalne wydobycie ropy naftowej w USA jest zrównoważone w dobie amerykańskiej niezależności energetycznej?

George Ashcroft

BM Marlsone
Londyn
WC1N 3XX

www.georgeashcroft.com

S/N 0518207

Msc Oil & Gas Management

Nadzorca: Dr. Brian Shiplee

Deklaracja:

Oświadczam, że ten projekt badawczy, w całości, jest moją własną pracą. Nie była ona wcześniej prezentowana w całości ani w części, w przypadku jakiejkolwiek innej nagrody, nie została również opublikowana w całości ani w części gdzie indziej i przedstawiona tutaj bez właściwego wykorzystania odniesień. Nie została ona również zlecona w części lub w całości do napisania przez inną osobę lub osobę w moim imieniu.

Podpisano

George Ashcroft

Streszczenie

Pojawiły się sensacyjne pretensje do niekonwencjonalnego wydobycia ropy naftowej w USA i niezależności energetycznej. W sprawozdaniu rozpatrzono te twierdzenia. Znalazła ona rzeczywistość związaną z metryką finansową, nakładem energii i wpływem na zasoby wodne. W sprawozdaniu wyszczególniono studia przypadków dotyczące konkretnych niekonwencjonalnych złóż ropy naftowej w Stanach Zjednoczonych i stwierdzono, że większość z nich cierpi z powodu wczesnego wyczerpania. W wyniku dochodzenia stwierdzono, że aby utrzymać amerykańską niekonwencjonalną produkcję ropy naftowej w perspektywie średnioterminowej, przemysł będzie musiał zidentyfikować alternatywne źródła produkcji ropy naftowej i ponieść znaczne nakłady inwestycyjne. W przypadku braku takich inwestycji wątpliwe jest, czy niekonwencjonalne wydobycie ropy naftowej może być utrzymane w dłuższej perspektywie, aby w znaczący sposób zapewnić USA "niezależność energetyczną".

Badanie potencjalnego alternatywnego wydobycia z łupków naftowych wskazuje na zasoby warunkowe w wysokości do 1,8 bln baryłek. Raport analizuje najnowsze osiągnięcia technologiczne w zakresie metod wydobycia łupków naftowych. Uwzględniono w nim wpływ na środowisko naturalne, w tym dostępność zasobów wodnych w bliskiej odległości od złóż łupków naftowych oraz duże zużycie wody podczas eksploatacji górniczej. W sprawozdaniu analizuje się wydobycie i produkcję łupków w świetle postępu technologicznego i rozważa rentowność tych operacji w odniesieniu do zwrotu z inwestycji w energię (EROI).

W sprawozdaniu stwierdzono, że wyzwania technologiczne, finansowe i środowiskowe utrudniają komercyjny rozwój łupków naftowych. Pozostaje jeszcze wiele badań do podjęcia w zakresie wydobycia łupków naftowych. W sprawozdaniu zbadano ostatnie wysiłki mające na celu zatwierdzenie amerykańskich łupków naftowych i stwierdzono, że jakość wydobywanych węglowodorów jest imponująca, EROI jest korzystna, a także podjęto poważne próby złagodzenia obaw dotyczących wykorzystania wody i szerszego oddziaływania na środowisko. Jednak wysokie koszty lokalnych zakładów produkcyjnych sprawiają, że w chwili obecnej zaliczki te są nieopłacalne.

Spis treści

Podziękowania

Dr Brian Shiplee & Art Berman, bez znajomości którego zadanie to byłoby znacznie trudniejsze.

Rozdział 1: Wprowadzenie

Tematem tego sprawozdania jest niekonwencjonalne wydobycie ropy naftowej w Stanach Zjednoczonych. Pytanie, które zbadamy, brzmi: czy niekonwencjonalna produkcja ropy naftowej w USA jest zrównoważona w dobie amerykańskiej niezależności energetycznej? Starając się odpowiedzieć na to pytanie, podzieliliśmy je na dwa odrębne aspekty: Shale - lub "Tight Oil" - i Oil Shale. Pomimo podobieństwa nazw, te dwa procesy są dość różne. Ropa naftowa z łupków (shale oil) oznacza proces polegający na wierceniu ropy naftowej w formacji szczelinowej przy użyciu wiertnicy, wiertnicy i związanych z nią urządzeń. Wiąże się to zazwyczaj ze szczelinowaniem hydraulicznym (fraccing), a także z wierceniem poziomym (odchylonym). Powstała w ten sposób ropa naftowa jest następnie wysyłana do rafinacji. W przeciwieństwie do tego, rozwój łupków naftowych powszechnie wiąże się z procesem, w którym skały łupkowe są najpierw wydobywane taśmowo, a następnie podgrzewane, w wyniku czego powstaje prekursor ropy naftowej zwany kerogenem, który jest następnie rafinowany i przekształcany w produkt użytkowy.

W tym sprawozdaniu definiujemy słowo "zrównoważony" jako proces, który można utrzymać i bronić. Zrównoważoną produkcję definiuje się jako taką, która może być utrzymywana w określonym tempie lub na określonym poziomie. Rozważając trwałość amerykańskiej ropy niekonwencjonalnej zbadaliśmy szereg popularnych narracji związanych z amerykańską niezależnością energetyczną i "dominacją" w świetle rzeczywistych danych dotyczących wydobycia ze złóż ropy naftowej oraz analiz naukowców i uczestników przemysłu. Ponadto przyjrzeliśmy się ekonomicznym i technicznym aspektom wydobycia ropy niekonwencjonalnej, a w szczególności łupków naftowych. Rozważaliśmy, czy korzyści gospodarcze, polityczne i społeczne płynące z tej produkcji przewyższają koszty. Koszty te związane są przede wszystkim z kwestiami ekonomicznymi, środowiskowymi i technicznymi. W zestawieniu - korzyści, kosztów i historycznej produkcji - dochodzimy do sensownej oceny trwałości niekonwencjonalnej produkcji ropy naftowej oraz perspektyw amerykańskiej niezależności energetycznej i dominacji. Podejmujemy szereg możliwych do zrealizowania sugestii dla przedsiębiorców i decydentów politycznych, aby posunąć branżę do przodu. Korzyści z tych badań polegają na tym, że umożliwią potencjalnym inwestorom ocenę, czy niekonwencjonalna produkcja ropy naftowej w USA stanowi zrównoważoną propozycję inwestycyjną, czy też nie. Jeśli popularna narracja jest wadliwa, można zaoszczędzić wiele czasu i wysiłku przy przeprowadzaniu bardziej szczegółowych analiz finansowych. Wtórną korzyścią z badań jest zrozumienie środowiska, w którym produkcja łupków może być lub ma potencjał stać się zrównoważona. Jest to korzystne zarówno dla przedsiębiorstw, jak i dla decydentów politycznych w USA, którzy mogą chcieć stymulować przemysł i inwestycje.

Pojawiły się sensacyjne twierdzenia o niekonwencjonalnej produkcji ropy naftowej w USA i niezależności energetycznej, a w przedmiotowym sprawozdaniu uwzględniono wiele z tych twierdzeń. Stwierdziliśmy, że u podstaw tych roszczeń leży alternatywna rzeczywistość związana z metryką finansową, nakładami energii i wpływem na zasoby wodne. Nasze dochodzenie wykazało, że aby utrzymać amerykańską niekonwencjonalną produkcję ropy naftowej w perspektywie średnioterminowej, przemysł ten będzie wymagał znacznych nakładów kapitałowych. Nawet wtedy wątpliwe jest, czy niekonwencjonalne wydobycie ropy naftowej może być utrzymane w dłuższej perspektywie, aby w znaczący sposób pozwolić sobie na "niezależność energetyczną", nie mówiąc już o "dominacji energetycznej". W ramach naszych badań podjęliśmy studia przypadku dotyczące konkretnych niekonwencjonalnych złóż ropy naftowej w Stanach Zjednoczonych, a także zbadaliśmy najnowsze osiągnięcia technologiczne w dziedzinie metod retortowania łupków naftowych. Rozważaliśmy również konsekwencje dla środowiska. W szczególności wzięliśmy pod uwagę dostępność zasobów wodnych w pobliżu złóż łupków naftowych oraz duże zużycie wody przy eksploatacji łupków. Analizujemy operacje wydobycia łupków i rozważamy ich opłacalność w odniesieniu do EROI - Energy Return On Investment.

Raport ten rozpoczął się początkowo jako dochodzenie w sprawie perspektyw amerykańskiej ropy naftowej (kerogenu) produkowanego z łupków. W trakcie badań podjęto decyzję o rozszerzeniu zakresu raportu o całość wydobycia ropy naftowej ze źródeł niekonwencjonalnych. Podejście to zostało przyjęte przede wszystkim dlatego, że podobnie jak w przypadku entuzjastycznych roszczeń o opłacalność wydobycia łupków naftowych, chcieliśmy przetestować roszczenia zwolenników wydobycia niekonwencjonalnego. Nasze badania doprowadziły do szeregu realizacji, które zostały włączone do zakresu badań. Odpowiadając na pytanie o stabilność amerykańskiej produkcji ropy naftowej ze źródeł niekonwencjonalnych, w niniejszym sprawozdaniu rozważono popyt i potrzebę kontynuowania produkcji ropy naftowej w USA oraz niedawny wzrost produkcji w USA z wykorzystaniem studiów przypadku ropy łupkowej. Perspektywy na przyszłość wydobycia ropy naftowej w USA oraz potencjał dodatkowych źródeł produkcji. Czy twierdzenia entuzjastów ropy łupkowej wytrzymują kontrolę? Czy wydobycie amerykańskiej ropy naftowej z łupków ma przed sobą świetlaną przyszłość i czy korzyści płynące z potencjalnego wydobycia ropy naftowej z USA przewyższają koszty? To są dodatkowe pytania, które pojawiły się podczas naszych badań.

Na początku 1999 r. okazało się, że czasy Ameryki jako głównego producenta ropy naftowej dobiegły końca. Wydobycie ropy naftowej osiągnęło wartość szczytową (OOŚ, 2018 r.) i oczekiwano dalszych spadków. Jednak, jak wskazuje Darbonne (2014, s. 35), przełom był już w trakcie realizacji. Wiosną 1998 roku niezależny amerykański koncern naftowy Mitchell Energy ujawnił, że eksperymentuje z nowymi technikami odwiertów w celu obniżenia kosztów. Technika ta umożliwiła swobodny przepływ węglowodorów uwięzionych w nieprzepuszczalnych wcześniej formacjach skał łupkowych do otworu wiertniczego. Następnie nastąpił renesans amerykańskiego wydobycia ropy naftowej i gazu, a do 2015 r. produkcja ropy naftowej w USA wzrosła o ponad jedną trzecią. (EIA, 2018)

Przełomy techniczne, takie jak szczelinowanie hydrauliczne i wiercenia horyzontalne, skłoniły biznes i decydentów do poważnego rozważenia koncepcji amerykańskiej "niezależności energetycznej". Administracja "Trump" uczyniła wydobycie ropy naftowej w USA priorytetem. Przed jego wyborem w 2016 roku, Donald Trump zapewniał:

> *Prawda jest taka, że mamy wystarczające zasoby energii w tym kraju, aby zasilić nas w następnym stuleciu - wszystko, co musimy zrobić, to je rozwinąć. Wśród wszystkich darów, jakie Bóg dał Ameryce, był obfity zapas naturalnej energii. Według Departamentu Energii rezerwy gazu ziemnego, które mamy w ziemi, mogą zaspokoić nasze zapotrzebowanie na energię przez wieki.* (Trąbka, 2015, s. 63)

Jednak już przed pojawieniem się prezydenta Trumpa USA podejmowały działania mające na celu nadanie priorytetu produkcji paliw kopalnych. Pod koniec 2015 roku Kongres uchylił zakaz eksportu ropy naftowej produkowanej w kraju (Moore & White, 2016, s. 31), natomiast w 2005 roku administracja Busha przyjęła ustawę o polityce energetycznej. Jego celem było "*zapewnienie miejsc pracy dla naszej przyszłości z bezpieczną, przystępną cenowo i niezawodną energią"*. (Spinti & Smith, 2017, s. 2) W 2015 r. Donald Trump twierdził, że jest to przewidywane:

> *Możemy mieć dwa biliony baryłek wydobywalnej ropy, wystarczająco dużo, aby przetrwać kolejne 285 lat... możemy wyprzedzić zarówno Arabię Saudyjską, jak i Rosję, aby stać się największym światowym producentem ropy. Olej jest tam do wzięcia, musimy go tylko zabrać.* (Trąbka, 2015, s. 63)

Według Moore'a & White'a (2016), po dziesięcioleciach spadku produkcji i uzależnienia od importu prawie 70% ropy i gazu ziemnego, mierzonego w baryłkach ekwiwalentu ropy, Stany Zjednoczone rzeczywiście prześcignęły teraz zarówno Arabię Saudyjską, jak i Rosję, by stać się światowym producentem energii pierwotnej. Import ropy naftowej do Stanów Zjednoczonych zmniejszył się o prawie 60% w latach 2007-2013, podczas gdy krajowa produkcja ropy naftowej wzrosła z pięciu milionów baryłek dziennie w 2007 roku do 8,6 milionów baryłek dziennie w 2014 roku - wzrost o 40% w ciągu siedmiu lat. (Moore & White, 2016, s. 27-8)

Jednak o tym, że wydobycie łupków może nie być pierwszym przewidywanym panaceum, świadczy fakt, że już w 2007 roku Arthur Berman, geolog naftowy i konsultant przemysłu naftowego, zaczął analizować dane dotyczące wydobycia z łupków Barnett. Analiza nie była zachęcająca. Berman stwierdził, że wysokie stopy spadku studni budzą poważne wątpliwości co do rentowności prowadzonej działalności. (Heinberg, 2013, s. 62) Analiza Bermana zainspirowała w 2013 r. szczegółowe badanie analityczne przeprowadzone przez geologa Davida Hughesa. Hughes przeanalizował dane własne dotyczące 63 tys. amerykańskich odwiertów typu tight oil and gas, obliczając wskaźnik spadku produkcji w każdym z aktywnych odwiertów. (ibid.) Badania Hughes'a podważyły popularne narracje:

> *Obecnie zakłada się, że ostatnie postępy w produkcji paliw kopalnych - zwłaszcza gazu łupkowego i ropy łupkowej - zapowiadają nową erę obfitości energetycznej, a nawet "niezależności energetycznej" Stanów Zjednoczonych. Niemniej jednak najbardziej dogłębna publiczna analiza dotychczasowej historii produkcji oraz ekonomicznych, środowiskowych i*

geologicznych ograniczeń tych zasobów w Ameryce Północnej pokazuje, że nieuchronnie nie spełnią one tych oczekiwań, z głównych powodów: Po pierwsze, okazało się, że odwierty gazu łupkowego i ropy łupkowej szybko się wyczerpują, najlepsze złoża zostały już wyczerpane i nie oczekuje się żadnych nowych odkryć; tak więc przy spadku średniej produktywności na jeden odwiert i coraz większej liczbie odwiertów (i pól) potrzebnych po prostu do utrzymania produkcji, 'bieżnia poszukiwawcza" ogranicza długoterminowy potencjał zasobów łupków. (Hughes, 2013, w Heinbergu, 2013, s. 64-65)

Ponadto Hughes uważał, że perspektywy dla alternatywnej niekonwencjonalnej produkcji są mniej niż obiecujące:

Po drugie, chociaż piaski bitumiczne, ropa naftowa, łupki naftowe, metan z pokładów węgla i inne niekonwencjonalne zasoby paliw kopalnych istnieją w ogromnych złożach, ich eksploatacja nadal wymaga tak ogromnych nakładów zasobów i wysiłku logistycznego, że szybkie zwiększenie produkcji do poziomów zmieniających rynek jest niemożliwe; duże "zbiorniki" tych zasobów są z natury ograniczone przez małe "krany". (Hughes, 2013, w Heinbergu, 2013, s. 64-65)

W niniejszym sprawozdaniu rozważono stanowisko Hughesa i rozważono potencjalne pojawienie się przemysłu łupków naftowych, który mógłby uzupełnić, a być może ostatecznie zastąpić amerykańską "ścisłą" produkcję ropy. W USA istnieją ogromne złoża łupków naftowych, a wydobycie z tego źródła jest od dawna rozważane. Jednakże:

> *Historia rozwoju łupków naftowych jako paliwa handlowego w Stanach Zjednoczonych charakteryzuje się cyklami hossy i hossy, związanymi najbardziej bezpośrednio w czasie z dostępnością ekonomicznych dostaw konwencjonalnej ropy naftowej, zarówno zagranicznej, jak i krajowej. Okres bezpośrednio po wprowadzeniu arabskiego embarga na ropę naftową w 1973 r. jest powszechnie uważany za okres największego zainteresowania łupkami naftowymi i okres, w którym miało miejsce większość postępu technologicznego. W tym okresie podjęto wiele projektów, z których większość wystąpiła na gruntach rządowych, przy zaangażowaniu rządu zarówno w kierunku technicznym, jak i dotacyjnym. Kiedy cena i dostępność konwencjonalnej ropy naftowej ustabilizowała się około 1982 roku, zainteresowanie rozwojem łupków naftowych gwałtownie spadło i, z wyjątkiem kilku mniejszych przedsięwzięć badawczych, wszelka działalność terenowa o charakterze komercyjnym oraz większość komplementarnych osiągnięć technologicznych praktycznie ustała.* (United States Bureau of Land Management, 2012, s.13)

Obecnie w USA nie istnieje komercyjne wydobycie z łupków naftowych. Jednakże,

> *Wraz z zaprzestaniem komercyjnego rozwoju, nastąpiły pewne niewielkie zmiany ewolucyjne w technologiach zagospodarowania łupków naftowych, ale niektóre trwające badania mają potencjał do wywołania poważnych rewolucyjnych zmian w technologiach zagospodarowania łupków naftowych. Niezależnie od tych ostatnich inicjatyw badawczych, oceny technologii prowadzone pod koniec zenitu działań związanych z eksploatacją łupków naftowych są nadal w dużej mierze aktualne, mimo że większość z nich jest wydobywana ponad 20 lat temu* (tamże, str. 21).

Oprócz potencjalnych korzyści, takich jak niezależność energetyczna USA, zmniejszenie deficytu handlowego, zwiększenie dochodów z produkcji, więcej miejsc pracy i wzrost gospodarczy, rozważymy praktyczne kroki, które mogą być konieczne do stymulowania i wspierania komercyjnego przemysłu łupków naftowych.

Rozdział 2: Przegląd literatury

Przedmiotem naszych badań jest trwająca komercjalizacja niekonwencjonalnej ropy naftowej w Stanach Zjednoczonych. W szczególności, czy można utrzymać poziom produkcji w Stanach Zjednoczonych obserwowany w ostatnich latach? Zużycie paliw kopalnych jest głównym składnikiem nowoczesnej zgody ludzkości. Od czasu rewolucji przemysłowej wzrost zużycia energii przez ludzi jest ogromny. Światowe zużycie energii potroiło się w ciągu ostatnich 45 lat, a od czasu pojawienia się ropy naftowej wzrosło 50 razy. Ponad 80 procent obecnego zużycia energii jest uzyskiwane z paliw kopalnych. (Hughes, 2013, s. 3) Hughes (2013) zwraca uwagę, że w ciągu najbliższych dwóch dekad światowe zużycie energii ma wzrosnąć o kolejne 44 procent - a zużycie w USA o kolejne 7 procent - paliwa kopalne pokryją około 80 procent tego zapotrzebowania. Taki wzrost będzie wymagał zużycia 71% wszystkich paliw kopalnych zużywanych od połowy XIX wieku w ciągu zaledwie dwóch dekad. (Hughes, 2013, s. 3) Stany Zjednoczone zużywają ponad 22 baryłki oleju na osobę rocznie. (Hughes, 2013, s.80)

> *Zużycie ropy naftowej wynosi obecnie ponad 32 miliardy baryłek rocznie, wzrastając z 11 miliardów baryłek rocznie w 1965 roku. Łącznie od czasu wykonania pierwszego odwiertu naftowego pod koniec lat 50. do 2011 r., od 1960 r. i połowy od 1988 r. spalono 90 proc. całej zużywanej ropy.* (ibid., 2013, s.7)

Przewiduje się jednak, że wzrost zużycia energii w Stanach Zjednoczonych będzie stopniowy do 2040 roku. Przewiduje się, że całkowita konsumpcja wzrośnie w tym okresie o 9%, a paliwa kopalne o 80%, w porównaniu z 84% w 2010 roku. Przewiduje się, że 61% będzie pochodziło z ropy naftowej i gazu. (Hughes, 2013, s. 31) Przewiduje się, że wydobycie ropy naftowej w USA osiągnie szczytowy poziom w 2019 roku, a w 2040 roku zapewni jedynie 32 procent podaży. Przewidywany wzrost krajowego wydobycia ropy naftowej jest konsekwencją założeń, że będzie miała miejsce znacząca nowa produkcja z łupków i ropy szczelinowej oraz że możliwe jest utrzymanie tej produkcji w przyszłości. (Hughes, 2013, s.32) Czy taki scenariusz jest prawdopodobny, czy wręcz możliwy? Nie według Hughesa:

> *Fakt, że przewiduje się, iż import będzie zaspokajał 36 procent podaży w 2040 r., zaprzecza obecnej retoryce w niektórych kręgach Stanów Zjednoczonych, które wkrótce staną się "niezależne energetycznie"... Sytuacja w odniesieniu do przyszłych potrzeb importowych jest prawdopodobnie zaniżona...* (Hughes, 2013, s.33)

Hughes (2018 r.) uważa, że łupki wzbudziły oczekiwania co do wydobycia ropy naftowej i gazu ziemnego w USA i stały się podstawą apeli o "dominację energetyczną" USA ze strony administracji Trump. Zwraca uwagę, że międzynarodowy eksport ropy naftowej rozpoczął się w ciągu ostatnich trzech lat i że prognozy wskazują, iż boom łupkowy będzie trwał co najmniej do 2050 roku. (Hughes, 2018, s.1) Ale na ile wiarygodne są takie prognozy? Hughes (2013) mówi, że "tight oil" jest zapowiadany jako główny przyczynek do potencjalnej "niezależności energetycznej" Stanów Zjednoczonych od momentu rozpoczęcia produkcji w Bakken w Północnej Dakocie i od tego czasu szybko rośnie w formacji Eagle Ford w południowym Teksasie. Bakken i Eagle Ford razem wzięte stanowią ponad 80% produkcji ropy naftowej w warunkach ograniczonej dostępności. (Hughes, 2013, s. 79) Ta niewielka produkcja wzrosła z praktycznie niczego w 2004 r. do ponad miliona baryłek dziennie. Ropa naftowa ma lekko słodką jakość i wraz z nią produkowana jest duża ilość gazu ziemnego. (Hughes, 2013, s. 29) Jednak Hughes twierdzi:

> *Biorąc pod uwagę realia geologii, dojrzały charakter poszukiwań i rozwoju amerykańskich zasobów ropy naftowej i gazu ziemnego oraz przewidywane ceny, jest mało prawdopodobne, aby rządowe prognozy dotyczące produkcji mogły zostać zrealizowane. Niemniej jednak prognozy te są powszechnie stosowane jako wiarygodna ocena przyszłych perspektyw energetycznych USA.* (Hughes, 2013, s.3)

Hughes przyznaje, że niewielka ilość ropy naftowej ze złóż o niskiej przepuszczalności faktycznie zapewniła nowe możliwości wydobycia ropy naftowej w USA i pozwoliła na podwojenie produkcji w USA w stosunku do poziomu z 2005 r., który był niższy od tego poziomu. Charakter tych złóż polega jednak na tym, że szybko się zmniejszają, tak że produkcja z poszczególnych odwiertów spada o 70-90% w ciągu pierwszych trzech lat. Spadki pól wynoszą od 20-40% rocznie. W związku z tym konieczne jest kontynuowanie wierceń, aby uniknąć gwałtownych spadków produkcji. Wiele najstarszych złóż znajduje się obecnie w końcowej fazie schyłku, a wiercenia na tych obszarach praktycznie ustały. Złoża łupkowe charakteryzują się również zmienną jakością skał zbiornikowych, przy czym "słodkie plamy" lub "obszary rdzeniowe" zawierają najwyższej jakości skały zbiornikowe, które zazwyczaj stanowią 20% lub mniej całkowitej powierzchni złożowej. Aby być ekonomicznym w niestabilnym środowisku cenowym ropy naftowej, wiercenia koncentrowały się na tych słodkich miejscach, które determinują najbardziej opłacalne ekonomicznie odwierty. (Hughes, 2018, s.158)

> *Nie ma wątpliwości, że USA mogą wydobywać znaczne ilości gazu łupkowego i ropy uwięzionej w łupkach w krótkim i średnim okresie. Nierealistyczne prognozy długoterminowe są jednak nieskuteczne przy planowaniu realnej długoterminowej strategii energetycznej... W związku z wyczerpaniem się słodkich punktów, rzeczywistość prawdopodobnie spowoduje znacznie wyższe koszty i wyższe tempo wierceń w celu utrzymania produkcji i/lub spadku wydobycia.* (ibid., p. xi)

Chociaż "rewolucja łupkowa" przyniosła ukojenie przed tym, co uważano za ostateczny spadek wydobycia ropy naftowej i gazu w USA, Hughes uważa, że w oparciu o podstawy rozgrywki ukojenie jest tymczasowe i że USA powinny planować znacznie mniejsze wydobycie ropy łupkowej w perspektywie długoterminowej. Wezwanie do amerykańskiej dominacji energetycznej pojawia się pomimo tych fundamentów. (ibid., p.xi)

> *Jest bardzo mało prawdopodobne, aby Stany Zjednoczone osiągnęły "niezależność energetyczną", chyba że zużycie energii znacznie spadnie. Najnowsze prognozy amerykańskiego rządu przewidują, że do 2040 roku USA nadal będą potrzebowały 36 procent swojego zapotrzebowania na płynną ropę naftową z importu, nawet przy bardzo agresywnych prognozach wzrostu produkcji gazu łupkowego i ropy uwięzionej w łupkach (tight oil) przy zastosowaniu technologii szczelinowania hydraulicznego.* (Hughes, 2013, s.3)

Jednak mimo Hughesa, entuzjastyczne argumenty zwolenników niekonwencjonalnej produkcji amerykańskiej zyskały popularność. Leonardo Maugeri to potwierdził:

> *Naturalne obdarzenie pierwotnych amerykańskich łupków łupkowych, Bakken/Three Forks) zwartą formacją naftową) w*

Dakocie Północnej i Montanie, może stać się dużym krajem produkującym ropę naftową w Zatoce Perskiej w Stanach Zjednoczonych. W kraju tym znajduje się jednak ponad dwadzieścia dużych formacji łupkowych, zwłaszcza Eagle Ford Shale, gdzie w wyniku ostatniego boomu ujawniły się zasoby węglowodorów porównywalne z zasobami Bakken Shale. (Maugeri, 2012, s.3)

Maugeri uważał, że napięty boom naftowy w USA nie jest tymczasową bańką, ale "najważniejszą *rewolucją w sektorze naftowym od dziesięcioleci...* "(Maugeri, 2012, s. 6) Maugeri (2012), prognozowany wzrost produkcji do 4,17 mbpd z łupków/grupy naftowe o ograniczonej pojemności do 2020 r. oraz ogólny wzrost produkcji netto w Stanach Zjednoczonych o 3,5 mbpd do 2020 r. Hughes uważa, że Maugeri prognozował moce produkcyjne, a nie rzeczywistą produkcję. Jest wysoce nieprawdopodobne, aby tak duża zdolność produkcyjna została rozwinięta. Hughes uważa, że Maugeri nie docenił wskaźnika wyczerpywania się istniejących złóż i w związku z tym przecenił wkład szczelnych pól naftowych w Stanach Zjednoczonych. (Hughes, 2013, s. 29) Jeśli perspektywa jest tak ponura, jak twierdzi Hughes, to oprócz ropy naftowej, Stany Zjednoczone mają inne źródło niekonwencjonalnej produkcji płynów naftowych: Oil Shale. Globalne wydobycie z łupków naftowych wyniosło w 2005 roku około 5 milionów baryłek. (Cleveland & O'Connor, 2011, s. 2308) Pytanie brzmi, czy koszty zwiększonego rozwoju i produkcji amerykańskich łupków naftowych przewyższają korzyści?

Reinsalu (2014) mówi, że Oil Shale to skała osadowa zawierająca słabo rozpuszczalną i niedojrzałą materię organiczną. Skała łupkowa może wytwarzać duże ilości płynnych produktów naftowych w wyniku rozkładu termicznego. Jednakże, *"Niewiele jest dostępnych cennych badań jakościowych i raportów dotyczących niekonwencjonalnych paliw kopalnych..."* (Pasqualini i Bassi, 2014, s. 169). Istnieje niedobór opublikowanej literatury akademickiej na temat postępu technologicznego w zagospodarowaniu i komercjalizacji łupków naftowych.

Zainteresowanie łupkami naftowymi woskuje się i maleje. W czasie kryzysów naftowych w latach 70. rząd USA finansował działania na rzecz rozwoju paliw płynnych z łupków naftowych. Kiedy w latach 80. ceny ropy spadły, zrezygnowano z realizacji projektów, a firmy uznały, że ich inwestycje stały się bezwartościowe. Ceny ropy naftowej pozostawały na niskim

> *poziomie przez większość lat 90-tych. Ponieważ ceny ropy naftowej zaczęły ponownie rosnąć w latach 2000., niektóre przedsiębiorstwa energetyczne wyraziły skromny poziom ponownego zainteresowania tym zasobem.* (Cleveland & O'Connor, 2013, s. 2308)

Potencjał zasobów łupków naftowych jest ogromny. Ruple & Keiter (2010) wskazali, że same zasoby warunkowe formacji Utah Green River wynoszą od 1,5 do 1,8 biliona baryłek. Z tego potencjalnie wydobywalne zasoby łupków naftowych szacowane są na od 500 mld do 1,1 biliona baryłek ropy. Oni tak twierdzą: *"Formacja Zielonej Rzeki, szacowana na 800 mld baryłek, zawiera ponad trzykrotnie większe od udokumentowanych zasobów ropy naftowej Arabii Saudyjskiej"* (Ruple and Keiter, 2010, s. 51). Pogoń za łupkami naftowymi przybierała na przestrzeni lat wiele form. W przypadku sukcesu, komercyjne wydobycie łupków naftowych może przyczynić się do obniżenia światowych cen ropy naftowej i zapewnić bezpieczeństwo Stanom Zjednoczonym. (Ruple i Keiter, 2010). Wzrost liczby ludności i zapotrzebowania na zasoby powoduje zainteresowanie komercjalizacją łupków naftowych do celów energetycznych. Raukas tak mówi:

> *Ciągle pogarszająca się dostępność tradycyjnych źródeł energii, a także wzrost cen energii i jej światowego zużycia spowodowały globalne zainteresowanie zasobami łupków naftowych do produkcji ropy i energii elektrycznej.* (Raukas, 2012, s. 203)

Jedynym krajem na świecie z aktywnym przemysłem łupków naftowych jest dziś Estonia. Duża część tej produkcji dotyczy wytwarzania energii elektrycznej i jest uważana za brudne paliwo. (Kallemety, 2016). Słoń w tym pomieszczeniu to zmiany klimatyczne i kwestie związane ze zrównoważonym rozwojem łupków naftowych. Kahn (2012) uznaje to i sugeruje, że przyszłe tendencje stanowią poważne wyzwanie. Jednakże:

> *Transatlantyckie reakcje międzynarodowych korporacji w przemyśle naftowym na perspektywę międzynarodowej kontroli gazów cieplarnianych były uderzająco różne. Firmy z USA agresywnie podważały nauki o klimacie... i lobbowały przeciwko obowiązkowym kontrolom emisji.* (Levy i Kolk, 2002, s. 275)

Czy Oil Majors powinni nadal przeciwstawiać się oczekiwaniom ekologów i realizować strategie takie jak rozwój łupków naftowych? Według Pasqualiniego i Bassi (2014), potencjalny rozwój zasobów łupków naftowych napotyka na pytania dotyczące kosztów, nakładów energetycznych, emisji oraz wpływu na zasoby lądowe i wodne:

> *Systemy energetyczne wiążą się z kosztami zewnętrznymi... przede wszystkim z kosztami związanymi ze środowiskiem naturalnym i zdrowiem ludzkim, chociaż czasami są one trudniejsze do określenia w kategoriach energetycznych, takich jak wykorzystanie ziemi i wody. System oleju łupkowego... wymaga znacznych nakładów wody i uwalnia odpady stałe i gazy cieplarniane.* (Cleveland & O'Connor, 2011, s. 2311)

W odniesieniu do formacji Green River w Utah, Ruple i Keiter (2010, s. 49) mówią:

> *Większość władz zakłada, że komercyjne zagospodarowanie łupków naftowych będzie wymagało znacznych ilości wody, która jest zasobem ograniczającym w regionie otrzymującym średnio mniej niż dziewięć cali opadów rocznie i w którym zasoby wodne są już nadmiernie wykorzystane.*

Wymagania stawiane zasobom wodnym w związku z rozwojem łupków naftowych mogą być również przedmiotem dalszych badań i analiz.

> *Dla tych, którzy planują komercyjne zagospodarowanie zasobów łupków naftowych Utah, w tym planują wzrost liczby ludności, który nastąpi wraz z takim zagospodarowaniem, zasadnicza niepewność co do charakteru i zakresu praw do wody w basenie Unity może osłabić wysiłki zmierzające do zapewnienia odpowiednich dostaw wody.* (ibid., str. 62)

Dostępność wody jest kluczowa dla wydobycia, retortowania powierzchni, kontroli zapylenia podczas budowy materiałów oraz dla kruszenia i transportu skał łupkowych. Szerokie wykorzystanie wody będzie również wymagane przy modernizacji surowych łupków oraz dla zakładów związanych z produkcją energii elektrycznej i kontrolą środowiska.

> *Szacunki dotyczące zapotrzebowania na wodę technologiczną oraz zakresu, w jakim woda może być poddana recyklingowi lub ekonomicznej regeneracji, różnią się znacznie. Na przykład Amerykańska Rada Zasobów Wodnych oszacowała, że eksploatacja łupków naftowych zwiększy roczne zużycie wody w regionie Górnego Kolorado o około...trzy baryłki wody na baryłkę ropy.* (U.S. Water Resources Council, 1981, w: Bartis et al, 2005, s. 50).

Jednakże *"Wiarygodne szacunki dotyczące zapotrzebowania na wodę będą dostępne dopiero po osiągnięciu przez technologię etapu skalowania i potwierdzenia".* (ibid.) Oprócz niepewności co do wody, istnieją również istotne wyzwania technologiczne i finansowe związane z uwolnieniem potencjału handlowego łupków naftowych (Taciuk, 2013). Taciuk zwraca na to uwagę:

> *Ten rodzaj rozwoju wymagałby wielu miliardów dolarów nakładów inwestycyjnych i kosztów operacyjnych, które musiałyby zostać odzyskane ze sprzedaży produktów. Od początku lat 70-tych cena ropy naftowej gwałtownie wzrosła, ale tendencja jest wzrostowa.* (tamże, str. 4)

Taciuk przedstawia jednak szereg potencjalnych scenariuszy cenowych na przyszłość, w których eksploatacja łupków naftowych może okazać się opłacalna:

Przy stosunkowo konserwatywnych prognozach opartych na wzroście cen ropy naftowej jedynie w tempie 2,5% rocznie, ceny ropy naftowej mogłyby być następujące...2020: 125-150, 2030: 170-210, 2040: 200-260. (ibid.)

Przy podwyższonych cenach ropy naftowej "...*strumienie dochodów powinny być w stanie zapewnić pieniądze potrzebne do szybkiego rozwoju łupków naftowych*" (tamże). Siirde (2015) sugeruje, że jest wiele badań do zrobienia w celu uczynienia przemysłu łupków naftowych bardziej wydajnym i przyjaznym dla środowiska. Jednakże Siirde (2015) mówi również, że kluczowe znaczenie ma posiadanie elastycznego i opartego na wiedzy sektora energetycznego, który wspiera bezpieczeństwo energetyczne. Siirde uważa nowe osiągnięcia technologiczne naukowców i firm energetycznych za znaczące. Wskazuje on na nowe jednostki produkcyjne Oil Shale o nazwie Petroter i Enefit-280, które prowadzą do krajowej konkurencji w zakresie łupków surowcowych i związanego z nimi rozwoju technologicznego. Pasqualini i Bassi (2014, s. 169) twierdzą, że:

Biorąc pod uwagę złożoność społecznych, ekonomicznych i środowiskowych aspektów rozwoju przemysłowego łupków naftowych na dużą skalę w Stanach Zjednoczonych, konieczna jest oparta na nauce, zintegrowana analiza międzysektorowych implikacji wydobycia łupków naftowych.

Brendow twierdzi, że "*łupki naftowe mają... konkretny potencjał do zaspokojenia zapotrzebowania na energię w sposób przyjazny dla środowiska, zwiększenia bezpieczeństwa dostaw i wsparcia lokalnego rynku pracy.* "(Brendow, 2003, s. 81). Brendow (2003) określił czynniki napędzające to zapotrzebowanie jako zmniejszone koszty siły roboczej, rosnące zapotrzebowanie na energię elektryczną, nowe produkty z łupków naftowych, mniej zanieczyszczające i bardziej wydajne technologie oraz zmianę dynamiki cen łupków naftowych i węglowodorów konwencjonalnych.

Jednak pomimo tych potencjalnych czynników, krytycznym czynnikiem jest zwrot z inwestycji (Energy Return On Investment - EROI) w przypadku niekonwencjonalnego wydobycia ropy naftowej. Zwrot z inwestycji w energię (EROI) jest to stosunek kosztów energii do wyprodukowanej energii:

W przypadku Shale Oil, EROI polega na porównaniu zawartości energii w produkowanym paliwie z ilością energii pierwotnej

> *wykorzystywanej w produkcji, transporcie, budowie, eksploatacji, likwidacji i innych etapach cyklu życia obiektu łupkowego. Porównanie skumulowanego zapotrzebowania na energię z ilością energii wytwarzanej przez technologię w całym okresie jej eksploatacji daje prosty wskaźnik zwrotu z inwestycji (EROI): EROI= (skumulowana produkcja paliwa)/(skumulowana wymagana energia pierwotna).* (Cleveland & O'Connor, 2011, s. 2307)

Według Cleveland & O'Connor (2011) znaczna część dyskusji na temat UREI w odniesieniu do łupków naftowych powinna zostać uznana za spekulacyjną ze względu na brak działań, które można by ocenić. Niemniej jednak Cleveland & O'Connor dochodzi do wniosku, że łupki naftowe mogą być jedynie niewielkim producentem energii netto, jeśli w obliczeniach uwzględni się wewnętrzną energię łupków zużytych podczas produkcji. Jeśli ta wewnętrzna energia jest wykluczona i obejmuje tylko energię zewnętrzną, to EROI jest znacznie wyższy. Cleveland i O'Connor stwierdzają, że w dyskusji na temat bilansu energetycznego netto łupków naftowych brak jest rygorystycznej analizy i przeglądu. Jako najbardziej wiarygodne podają oni ustalenia Brandt'a (2008). Brandt (2008, tamże) sugeruje wskaźnik EROI dla łupków naftowych pomiędzy 1:1 a 2:1, gdy energia wewnętrzna jest wliczona w koszt. Jest on znacznie niższy niż EROI dla konwencjonalnej ropy naftowej. (Cleveland & O'Connor, 2011, s. 2319) Cleveland & Connor (ibid.) zwracają uwagę na fakt, że niektóre operacje związane z łupkami naftowymi zużywają duże ilości energii elektrycznej w celu zmodernizowania źródła paliwa niższej jakości (łupków naftowych) na paliwo ciekłe wyższej jakości oraz że duże ilości energii potrzebnej do przetwarzania łupków naftowych, w połączeniu z termochemią procesu retortowania, wytwarzają duże ilości gazów cieplarnianych: "*Łupki naftowe emitują jednoznacznie więcej gazów cieplarnianych niż konwencjonalne paliwa płynne z surowców ropy naftowej o współczynniku od 1,2 do 1,75*" (Cleveland & O'Connor, 2011, s. 2320) Jednak dla Cleveland i O'Connor, paliwo emitujące niskie poziomy gazów cieplarnianych w połączeniu ze skromnym EROI mogłoby być kandydatem na alternatywne źródło energii. (ibid.)

Jednakże:

> *Bardzo niski wskaźnik EROI w połączeniu z bardzo wysoką emisją dwutlenku węgla powinien spowodować, że system energetyczny nie będzie poważnie brany pod uwagę jako alternatywa dla konwencjonalnego wydobycia i rafinacji ropy*

naftowej. Wydaje się, że łupki naftowe w zachodnich Stanach Zjednoczonych zaliczają się do tej kategorii. (ibid.)

W międzyczasie Bartis et al. twierdzą, że właściwe jest rozważenie ostatnich wysiłków handlowych i rozwoju technicznego i sugerują, że łupki naftowe wydobywane w szczególności poprzez retortowanie powierzchniowe należą do portfela badań i rozwoju USA:

> *W międzyczasie mogą pojawić się techniczne podstawy do fundamentalnej zmiany w gospodarce łupków naftowych. Zaliczki... mogą sprawić, że ropa łupkowa będzie konkurencyjna w stosunku do ropy naftowej po cenie poniżej 40 dolarów za baryłkę. Jeśli tak się stanie, rozwój łupków naftowych może wkrótce zająć bardzo ważne miejsce w krajowej agendzie energetycznej.* (Bartis i inni, 2005, s. 53)

Wskazują one również na znaczące długoterminowe możliwości badawcze, które są związane zarówno z retortowaniem powierzchniowym, jak i in situ. (ibid.) Dla Bartis et al, rozwój łupków naftowych zbliża się do punktu krytycznego:

> *Kiedy staje się jasne, że firmy prywatne są skłonne poświęcić, bez znacznych dotacji rządowych, swoje zasoby techniczne, zarządcze i finansowe na rozwój łupków naftowych, decydenci powinni zająć się kwestiami polityki.* (ibid.)

Bartis et al. twierdzą, że istnieje wyraźna ścieżka rozwoju gospodarczego i środowiskowego dla rozwoju łupków naftowych:

> *Zaproponowaliśmy powołanie niezależnej rady doradczo-nadzorczej w celu zapewnienia właściwego sformułowania programów badawczych dotyczących jakości wody, jakości powietrza i ekologii. Obejmują one najbardziej krytyczne potencjalne skutki eksploatacji łupków naftowych i wiążą się ze złożonymi problemami. Uzyskanie wczesnych wskazówek od niezależnego naukowego komitetu doradczego jest niezbędnym pierwszym krokiem w budowaniu zaufania opinii publicznej i społeczności technicznej w odniesieniu do znaczenia i wiarygodności ewentualnych wyników programów badawczych.* (ibid.)

Twierdzą oni, że sposobem na uatrakcyjnienie wydobycia łupków naftowych jest wspieranie przez rząd badań i rozwoju mających na celu obniżenie kosztów wydobycia:

> *W zakresie, w jakim badania wspierane przez rząd obniżają koszty produkcji i/lub promują wcześniejszą produkcję komercyjną, wartość bieżąca korzyści społecznych wynosi miliardy, przy założeniu, że korzyści społeczne netto (po uwzględnieniu wszystkich niekorzystnych kosztów środowiskowych i społecznych) na baryłkę wynoszą zaledwie 5 USD (w 2005 r. w dolarach).* (ibid. str. 45)

Zwolennicy niekonwencjonalnej produkcji ropy naftowej często wymieniali niestabilność rynku i manipulacje rynkowe jako powody, dla których rząd federalny podjął działania mające na celu ograniczenie ryzyka inwestycji rynkowych:

> *Środki zaradcze rekomendowane do działań rządowych obejmują ustanowienie gwarancji cen minimalnych lub długoterminowych umów kupna na warunkach korzystnych dla producentów łupków naftowych. Zalecono również szereg innych form dotacji, takich jak ulgi podatkowe, ulgi z tytułu przyspieszonej amortyzacji i dotacje budowlane... Wszystkie te środki mogą spowodować niezwykle wysokie koszty dla rządu: Na przykład dotacja w wysokości 10 dolarów za baryłkę na produkcję jednej 100 000 baryłek dziennie w komercyjnym zakładzie produkcyjnym pociągałaby za sobą roczne wydatki w wysokości około 350 milionów dolarów rocznie.* (ibid., s. 46)

Analiza wariantów polityki w zakresie ograniczania ryzyka rynkowego i wczesnej produkcji uwzględniałaby zachęty, w tym wysoce ukierunkowane ulgi podatkowe mające na celu wspieranie krajowej produkcji ropy naftowej. Łupki naftowe będą musiały cieszyć się równymi szansami z innymi formami wydobycia ropy. "*Niejasne jest obecnie, w jakim stopniu obecne prawo, w tym Ustawa o polityce energetycznej z 2005 r., może w sposób niezamierzony postawić rozwój łupków naftowych w niekorzystnej sytuacji*". (tamże, str. 47) Warto by było przeprowadzić analizy przygotowawcze, a rządy wdrożyły już szereg działań mających na celu promowanie produkcji paliw alternatywnych wobec importowanej ropy naftowej. (ibid.)

Po przeprowadzeniu takich analiz, niektóre firmy mogą być gotowe do wejścia w fazę skalowania i potwierdzania. Rozważając potrzebę uzyskania pozwoleń, projektowania i budowy demonstracji zdolnej do wytworzenia od 1000 do 5000 b/pd oraz gromadzenia danych technicznych i środowiskowych, Bartis et al. szacują, że faza potwierdzenia będzie trwała co najmniej sześć lat:

> *Nawet jeśli kilka firm zdecyduje się na natychmiastowe uruchomienie jednomodułowego obiektu handlowego... lub niewielkiego obiektu handlowego, decyzja o zainwestowaniu w obiekt handlowy o pełnej skali wynosi co najmniej sześć do ośmiu lat w przyszłości, zwłaszcza biorąc pod uwagę dodatkowe wymogi, które mogą być związane z pozwoleniem na długoterminową eksploatację.* (ibid., str. 22)

Po potwierdzeniu i zwiększeniu skali operacji handlowej na pełną skalę potrzeba będzie kolejnych sześciu lat na zaprojektowanie, skonstruowanie i potwierdzenie wykonania operacji:

> *W tym przypadku zakładamy pięcioletni okres budowy potrzebnych urządzeń do obróbki, niezależnie od tego, jakie podejście techniczne - powierzchniowe czy in-situ - zostanie zastosowane. Sześcioletni szacunek zakłada, że prace związane z uzyskaniem zezwoleń, pozyskaniem gruntów i szczegółowymi analizami geologicznymi rozpoczną się na wcześniejszym etapie rozwoju. Pod koniec początkowego etapu działalności komercyjnej można było przeprowadzić kilka pierwszych w swoim rodzaju operacji na pełną skalę, wydobywając łącznie kilkaset tysięcy baryłek ropy łupkowej dziennie.* (ibid., s. 23)

Po wstępnej fazie produkcji Bartis et al. przewidują, że produkcja osiągnie 1 mln baryłek w roku 7, 2 mln baryłek w roku 12 i 3 mln baryłek w roku 17.

> *Biorąc pod uwagę, że jest mało prawdopodobne, aby przemysł osiągnął fazę wzrostu produkcji do 12-16 lat po podjęciu decyzji o kontynuacji skali procesu -up i potwierdzeniu, oraz że ta początkowa decyzja jeszcze nie zapadła, poziom produkcji łupków naftowych wynoszący 1 milion baryłek dziennie jest prawdopodobnie dłuższy niż 20 lat w przyszłości, a 3 miliony baryłek dziennie jest prawdopodobnie dłuższy niż 30 lat w przyszłości.* (ibid., s. 23)

Pomimo bardzo długiego okresu realizacji, rozwój przemysłu łupków naftowych przynosi znaczne korzyści finansowe. Bartis et al. spekulują na temat przyszłego potencjału i wartości amerykańskiego przemysłu łupków naftowych oraz jego strategicznej wartości w zmniejszaniu zależności od importu.

> *Konkurencyjny przemysł łupkowy produkujący 3 mln baryłek ropy dziennie będzie wytwarzał około 1 mld baryłek ropy rocznie. Wartość tej produkcji będzie zależała od tego, gdzie za 30 lat będą się znajdować światowe ceny ropy naftowej. Gdyby do 2035 roku światowe ceny ropy naftowej wynosiły 50 dolarów za baryłkę (w realnych dolarach z 2005 roku), roczna wartość 3 milionów baryłek dziennie krajowego wydobycia ropy łupkowej wyniosłaby 50 miliardów dolarów... Bez takiego poziomu wydobycia łupków naftowych w Stanach Zjednoczonych, te 50 miliardów dolarów zostałoby przeznaczone, tak jak obecnie, na opłacenie importu ropy naftowej.* (ibid., s. 26)

Dla Bartis et al. długofalowe korzyści z produkcji łupków naftowych są oczywiste:

> *Rozwój rentownego przemysłu łupków naftowych przynosi duże korzyści ekonomiczne inwestorom i pracownikom firm związanych z eksploatacją, wydobyciem i wspieraniem przemysłu łupkowego. Ponadto, konsumenci ropy naftowej w Stanach Zjednoczonych, jak również za granicą, będą prawdopodobnie doświadczać niższych cen ropy.* (ibid., str. 32-33)

Twierdzą oni, że jeśli uda się zrealizować ekonomiczne metody wydobycia łupków naftowych, to przy produkcji na poziomie 3 mln b/ p.p. możliwe jest osiągnięcie bezpośrednich zysków ekonomicznych w wysokości 20 mld USD rocznie.

> *Konserwatywne założenia dotyczące elastyczności podaży i popytu przynoszą dodatkowe roczne korzyści dla amerykańskich konsumentów w wysokości od 15 do 45 mld USD rocznie z powodu spadku światowej ceny ropy.* (ibid. s. 33)

Pozostają jednak znaczne utrudnienia. Bartis et al wskazują, że "cena płotki" ropy naftowej, niezbędna do uruchomienia inwestycji kapitałowych w zagospodarowanie łupków naftowych, jest znacznie wyższa od ceny rynkowej, która w przeciwnym razie byłaby wymagana do uruchomienia inwestycji w inne formy niekonwencjonalnego wydobycia ropy naftowej. (ibid., str. 46)

Dodatkową niepewność rynkową zapewnia zachowanie członków OPEC. Jeśli członkowie OPEC dostrzegą, że ceny ropy naftowej są wystarczająco wysokie, by przyciągnąć inwestycje w alternatywne źródła ciekłych węglowodorów, takie jak zakłady retortingu łupków naftowych, prawdopodobnie będą w stanie celowo zwiększyć produkcję w celu utrzymania udziału w rynku i obniżenia światowych cen ropy. W konsekwencji inwestorzy na wczesnym etapie realizacji projektów zagospodarowania łupków naftowych mogą ponieść znaczne straty. (ibid.) Przekonaliśmy się, że trwałość niekonwencjonalnej ropy naftowej jest ograniczona przez szybkie tempo spadku, a produkcja jest napędzana przez geologiczne "słodkie punkty". Istnieje alternatywne wydobycie w postaci łupków naftowych, ale i te podlegają licznym ograniczeniom. Prognozy co do potencjału i trwałości łupków naftowych istnieją w sferze spekulacyjnej i teoretycznej.

Rozdział 3: Metodologia badań

Naszym zadaniem było sformułowanie pytania badawczego, które pomogłoby kierownictwu funduszu inwestycyjnego w podjęciu tematycznej decyzji inwestycyjnej w odniesieniu do amerykańskiej ropy niekonwencjonalnej. Przed przystąpieniem do oceny konkretnych firm działających na terenie amerykańskiej niekonwencjonalnej przestrzeni naftowej, stwierdzono potrzebę zbadania i przetestowania popularnej narracji dotyczącej wydobycia niekonwencjonalnej ropy naftowej w Stanach Zjednoczonych. Podejście to ma dużą wartość - jeżeli popularne narracje dotyczące celowości amerykańskich niekonwencjonalnych inwestycji w ropę naftową są wadliwe na poziomie makro, to można zaoszczędzić wiele czasu i pieniędzy, nie podejmując bardziej szczegółowej analizy na poziomie mikro. Wtórną korzyścią badań jest to, że doprowadziły one do określenia warunków, w których podjęcie takich inwestycji może być rzeczywiście bardzo pożądane, a w sprawozdaniu przedstawiono zalecenia dla inwestorów i decydentów politycznych w tym zakresie. Chociaż głównym odbiorcą sprawozdań nie są decydenci polityczni, włączenie takich zaleceń wskazuje na to, jakich środków inwestorzy powinni szukać w rozważaniach na temat wydobycia ropy ze złóż niekonwencjonalnych w USA. Cooper & Schindler (2014, p113) tak twierdzą:

> *Zadaniem badacza jest pomoc menadżerowi w sformułowaniu pytania badawczego, które pasuje do potrzeby rozwiązania dylematu zarządzania. Pytanie badawcze najlepiej określa cel badań nad biznesem. Jest to bardziej szczegółowe pytanie dotyczące zarządzania, na które należy udzielić odpowiedzi. To może być więcej niż jedno pytanie lub tylko jedno. Proces badania biznesowego, który odpowiada na to bardziej szczegółowe pytanie, dostarcza menedżerowi informacji niezbędnych do podjęcia decyzji, przed którą stoi.*

Ostateczne pytanie badawcze zostało sformułowane po przeprowadzeniu indukcyjnej analizy wstępnego przeglądu literatury. Istnieje wiele sprzecznych ze sobą narracji i w ramach naszych badań konieczne było zbadanie i przetestowanie wielu z tych argumentów w celu wyciągnięcia użytecznych wniosków. Kwestia ta została dopracowana i opiera się na koncepcji zrównoważonego rozwoju - czy niekonwencjonalna produkcja ropy naftowej w USA może być utrzymana i broniona w dłuższej perspektywie czasowej, czy też nie. Takie dopracowanie pytania jest:

> *Dokładnie to, co wykwalifikowany praktyk musi zrobić po zakończeniu badania. W tym momencie zaczyna wyłaniać się jaśniejszy obraz kwestii związanych z zarządzaniem i badaniami. Po dokonaniu przez badacza wstępnego przeglądu literatury, krótkiego studium rozpoznawczego, lub obu, projekt zaczyna się krystalizować na jeden z dwóch sposobów: Oczywiste jest, że odpowiedź na to pytanie została udzielona i proces ten został zakończony. Pojawiło się pytanie inne niż to, które było pierwotnie poruszane.* (ibid. s. 112-13)

Ostateczna kwestia badawcza ewoluowała od pierwotnej, ponieważ stała się nieco bardziej ekspansywna i obejmowała całość wydobycia ropy naftowej ze źródeł niekonwencjonalnych w USA, zamiast ograniczać się do łupków naftowych (kerogenów). Ostatnie pytanie nie różniło się radykalnie od jego wcześniejszego sformułowania i zawierało w sobie pierwotne myślenie:

> *Kwestia badawcza nie musi być istotnie różna, ale będzie się w jakiś sposób rozwijać. To nie jest powód do zniechęcenia. Wyrafinowane pytanie badawcze będzie lepiej ukierunkowane i pozwoli na osiągnięcie postępów w badaniach biznesowych z większą jasnością niż pierwotnie sformułowane pytania.* (ibid. s. 113)

Za opracowaniem tego pytania kryło się bardzo dobre uzasadnienie. Nie chcieliśmy przegapić ważnych aspektów debaty ani nie docenić potencjalnego zakresu możliwych działań inwestycyjnych. Zignorowanie głównego aspektu amerykańskiej niekonwencjonalnej produkcji ropy naftowej doprowadziłoby do niepełnych ustaleń. Podjęto jednak decyzję o ograniczeniu dochodzenia do niekonwencjonalnej ropy naftowej, a nie gazu ziemnego. Podobne metody mogą być zastosowane w celu przyjrzenia się produkcji gazu w dalszych badaniach. Cooper & Schindler (tamże, str. 64) tak twierdzą:

> *Dobre badania biznesowe opierają się na solidnym rozumowaniu. Zarówno kompetentni naukowcy, jak i bystrzy*

menadżerowie praktykują nawyki myślowe, które odzwierciedlają zdrowe rozumowanie - znajdowanie prawidłowych przesłanek, testowanie powiązań między ich faktami i założeniami, wysuwanie roszczeń w oparciu o odpowiednie dowody. W procesie rozumowania, indukcja i dedukcja, obserwacja i testowanie hipotez mogą być połączone w sposób systematyczny.

Format raportu konsultacyjnego został wybrany, ponieważ jest to bardzo powszechny sposób prezentacji tego rodzaju materiałów badawczych w ramach bankowości inwestycyjnej, a raport może być łatwo adaptowany i edytowany w celu spełnienia szeregu różnych zastosowań, takich jak dystrybucja do klientów lub publikacja zewnętrzna. Sprawozdanie tego rodzaju przedstawia badania w najbardziej podstawowym zakresie, jednak ich wyniki mają istotne zastosowanie w rzeczywistości:

> *Na najbardziej podstawowym poziomie, badanie sprawozdawcze dostarcza podsumowania danych, często przekształcając dane w celu osiągnięcia głębszego zrozumienia lub wygenerowania statystyk do porównania... puryści mogą twierdzić, że badania sprawozdawcze nie kwalifikują się jako badania, chociaż takie starannie zebrane dane mogą mieć dużą wartość. Projekt badawczy nie musi być skomplikowany i wymagać wyciągnięcia wniosków, aby projekt mógł zostać nazwany badawczym.* (ibid. str. 21)

Yinn (2003, w: Saunders, Lewis i Thornhill, 2007, s. 135) mówi, że strategie badawcze mogą być wykorzystywane do badań odkrywczych, opisowych i wyjaśniających. Niektóre należą do podejścia indukcyjnego, a inne do podejścia dedukcyjnego. Saunders, Lewis i Thornhill (2007) twierdzą, że żadna strategia badawcza nie jest z natury gorsza ani lepsza od innej. Ważne jest to, czy dana strategia umożliwi naukowcowi udzielenie odpowiedzi na konkretne pytanie badawcze i realizację jego celów. Wybór strategii badawczej będzie dokonywany w zależności od zakresu istniejącej wiedzy, ilości dostępnego czasu i zasobów oraz własnych podstaw filozoficznych naukowców. (Saunders, Lewis i Thornhill, 2007). Po podjęciu decyzji o sporządzeniu raportu konsultingowego przeprowadzono analizę opisową. Badania opisowe mają potencjał do wyciągnięcia mocnych wniosków. (Cooper & Schindler, 2014, s.21) Badania opisowe są popularne ze względu na ich wszechstronność. Badanie opisowe może skutecznie odpowiedzieć na pytania "jak". Odpowiadając na pytanie, czy produkcja niekonwencjonalnej ropy naftowej w

USA jest zrównoważona, czy też nie, zastanawiamy się w istocie, w jaki sposób jest ona zrównoważona, czy też przeciwnie, niezrównoważona?

> *Badacz próbuje opisać lub zdefiniować temat... Takie badania mogą obejmować zbieranie danych i tworzenie rozkładu liczby przypadków, w których badacz obserwuje pojedyncze wydarzenie lub cechę (znaną jako zmienna badawcza), lub mogą dotyczyć interakcji dwóch lub więcej zmiennych.* (ibid.)

Opracowując sprawozdanie, podjęliśmy proces indukcyjny. Istnieje wiele możliwych interpretacji naszych ustaleń. Uważamy jednak, że nasze ustalenia są przydatne w wielu potencjalnych zastosowaniach:

> *Dobre badania generują wiarygodne dane, które pochodzą z profesjonalnie prowadzonych praktyk i które mogą być rzetelnie wykorzystane do podejmowania decyzji. Natomiast słabe badania są niedbale planowane i prowadzone, co skutkuje danymi, których menedżer nie może wykorzystać do zmniejszenia ryzyka decyzyjnego. Dobre badania są zgodne ze standardami metody naukowej: systematyczne, empirycznie oparte procedury generowania badań powtarzalnych.* (ibid., str. 15)

Nie udajemy, że nasze jest ostatnim słowem na ten temat. Nasze wnioski są jednak mocno osadzone w danych i związanych z nimi narracjach, które przeanalizowaliśmy. Cooper i Schindler (ibid., s. 68) twierdzą, że wnioski te, jako argument indukcyjny, wyjaśniają fakty, a fakty potwierdzają wniosek. Jednakże: "*Charakter indukcji polega na tym, że wniosek jest tylko hipotezą. To jedno wytłumaczenie, ale są też inne, które równie dobrze pasują do faktów.* "(ibid.) Podjęte przez nas badania i wyciągnięte wnioski są celowe, z jasno określonym celem i wiarygodnym:

> *Co charakteryzuje dobre badania? Ogólnie rzecz biorąc, oczekuje się, że dobre badania będą celowe, z jasno określonym celem i wiarygodnymi celami, z możliwymi do obrony, etycznymi i powtarzalnymi procedurami oraz z dowodami obiektywności. Sprawozdawczość dotycząca procedur - ich mocnych i słabych stron - powinna być pełna i uczciwa. Właściwe techniki analityczne powinny być ograniczone do tych, które są wyraźnie uzasadnione wynikami, a sprawozdania z wyników i wnioski powinny być jasno przedstawione i profesjonalne pod względem*

> *tonu, języka i wyglądu.* (ibid., s. 23)

Rozważając metodologiczne podejście do badań, postanowiliśmy uwzględnić szereg studiów przypadku, aby uzyskać dokładny obraz stanu niekonwencjonalnej produkcji amerykańskiej. W ten sposób, byliśmy tego świadomi:

> *Powszechne jest błędne przekonanie, że różne strategie badawcze powinny być ułożone hierarchicznie. Kiedyś nauczono nas wierzyć, że studia przypadków są odpowiednie dla fazy badawczej, że badania i historia są odpowiednie dla fazy opisowej, a eksperymenty są jedynym sposobem na przeprowadzenie badań wyjaśniających lub przyczynowych. Hierarchiczny pogląd utwierdził nas w przekonaniu, że studia przypadków są jedynie narzędziem badawczym i nie mogą być wykorzystywane do opisywania lub testowania propozycji.* (Yin, 1994, str.3)

Yin (ibid.) twierdzi, że hierarchiczny pogląd na badania jest błędny. Twierdzi, że studia przypadków nie są jedynie badaniami odkrywczymi: "*Niektóre z najlepszych i najbardziej znanych studiów przypadku były zarówno opisowe jak i wyjaśniające.* "(ibid.) Nasz raport jest wyraźnie sekwencjonowany i rozpoczyna się od przeglądu popularnych narracji związanych z wydobyciem ropy naftowej w sposób niekonwencjonalny, a następnie przechodzi do analizy danych i analizy popularnych narracji. Cooper i Schindler (2014) twierdzą, że nawet jeśli wielu badaczy postrzega badania jako proces sekwencyjny obejmujący jasno określone etapy, to nie jest konieczne ukończenie każdego etapu przed przejściem do następnego:

> *Recykling, omijanie i pomijanie występują. Niektóre kroki zaczynają się od nowa, niektóre są wykonywane jednocześnie, a niektóre mogą zostać pominięte. Pomimo tych różnic, idea sekwencji jest przydatna dla rozwoju projektu i utrzymania porządku w miarę jego rozwoju.* (ibid. str. 23)

Podejmując nasze badania, wykorzystaliśmy aparat jakościowych i ilościowych studium przypadku eksploracyjnego:

> *Celom badań mogą towarzyszyć różne techniki. Stosowane są zarówno techniki jakościowe, jak i ilościowe, choć badania w większym stopniu opierają się na technikach jakościowych.*

(ibid., s. 129)

Skontrastowaliśmy dwa studia przypadków w odniesieniu do konkretnych amerykańskich niekonwencjonalnych gier naftowych i poddaliśmy triangulacji nasze ustalenia w celu uzyskania pewnych uogólnień. Wykorzystaliśmy dodatkowe studium przypadku dotyczące konkretnego postępu technologicznego w odniesieniu do wydobycia ropy naftowej z łupków naftowych, aby ocenić obecny stan technologii oraz potencjał dalszego rozwoju i postępu. Robson (2002, w: Saunders, Lewis i Thornhill, 2007, s. 139) definiuje studium przypadku jako "*strategię prowadzenia badań, która polega na empirycznym badaniu konkretnego współczesnego zjawiska w jego rzeczywistym kontekście z wykorzystaniem wielu źródeł dowodów*". Literatura wtórna okazała się znaczącym źródłem danych i analiz dla naszych badań, dlatego też uważamy, że przyjęte przez nas podejście jest uzasadnione:

> *Pierwszym krokiem w studium rozpoznawczym jest poszukiwanie literatury wtórnej. Badania przeprowadzone przez innych dla własnych celów stanowią dane wtórne. Nieefektywne jest odkrywanie na nowo poprzez gromadzenie danych pierwotnych lub oryginalnych badań tego, co już zostało zrobione i zgłoszone na poziomie wystarczającym do podjęcia decyzji przez kierownictwo.* (ibid. s. 130)

Ponadto firma Cooper & Schindler zwraca uwagę na fakt, że wyszukiwanie źródeł wtórnych dostarczy doskonałych informacji wyjściowych, jak również dobrych wskazówek dla dalszego dochodzenia. (ibid.) Przeprowadzono badanie rozpoznawcze w drodze obszernego przeglądu literatury i przedstawiono opisową ocenę wyników. Robson (2002 w Saunders, Lewis i Thornhill, 2007) definiuje badania opisowe jako przedstawianie dokładnego profilu osób, zdarzeń lub sytuacji. Saunders, Lewis i Thornhill (2007) sugerują, że badanie opisowe może być rozszerzeniem badań wyjaśniających. Badania opisowe mają "*bardzo jasne miejsce*". (Saunders, Lewis i Thornhill, 2007, s. 134) Badania wyjaśniające polegają na badaniu sytuacji w celu wyjaśnienia zależności między zmiennymi (Saunders, Lewis i Thornhill, 2007, s. 134). Badamy historyczny kontekst rozwoju niekonwencjonalnej ropy naftowej w USA i odnosimy go do współczesnego środowiska gospodarczego w celu ustalenia, czy istnieją zasadnicze różnice między sytuacją, która istniała w przeszłości, a sytuacją obecną. Jest oczywiste, że rozwój łupków naftowych ma ciekawą i nieco trudną przeszłość. Co, jeśli w ogóle, różni się zasadniczo od dzisiejszych działań, które sprawiają, że mają one większe lub mniejsze szanse na sukces niż ich poprzedniczki?

Yin (2003, w: Saunders, Lewis i Thornhill, 2007) podkreśla znaczenie kontekstu i mówi, że granice między badanymi zjawiskami a kontekstem, w którym są one badane, nie są wyraźnie widoczne. Saunders, Lewis i Thornhill, 2007) twierdzą, że jest to całkowite przeciwieństwo strategii eksperymentalnej, która jest zakorzeniona w badaniach naukowych i jest wysoce kontrolowana. Strategia studiów przypadku pozwoli nam na uzyskanie "*bogatego zrozumienia kontekstu badań i wdrażanych procesów*" (Morris i Wood, 1991, w: Saunders, Lewis i Thornhill, 2007, s.135). Saunders, Lewis i Thornhill (2007) argumentują, że strategia studiów przypadku może być wartościowym sposobem na zbadanie istniejącej teorii, a nie tylko umożliwić zakwestionowanie istniejącej teorii i dostarczenie nowych pytań badawczych. Nasze studia przypadków analizują informacje zarówno jakościowo, jak i ilościowo:

Techniki jakościowe są stosowane zarówno na etapie gromadzenia danych, jak i analizy danych w projekcie badawczym. Na etapie zbierania danych, wachlarz technik obejmuje... studia przypadków... i obserwacje. Podczas analizy jakościowej badacz korzysta z analizy treści zapisanych lub nagranych materiałów pochodzących z... obserwacji behawioralnych... oraz z badań artefaktów i śladowych dowodów z otoczenia fizycznego. (Cooper & Schindler, 2014, s. 144)

Jednak firma Cooper & Schindler (tamże, str. 146) twierdzi, że badania jakościowe często budują teorię, ale rzadko ją testują. W związku z tym w naszym sprawozdaniu właściwe było podejście mieszane:

> *Badania ilościowe są próbą precyzyjnego pomiaru czegoś. W badaniach biznesowych, metodologie ilościowe zwykle mierzą... wiedzę, opinie lub postawy. Takie metodologie odpowiadają na pytania dotyczące tego, ile, jak często, ile, kiedy i kto.* (ibid.)

Staraliśmy się triangulować nasze ustalenia i wyciągać niezbędne wnioski, aby przedstawić sensowne wnioski: "*...badania jakościowe mogą być łączone z ilościowymi w celu podniesienia postrzeganej jakości badań.* "(ibid. s. 167) Cooper i Schindler uznają, że metody jakościowe i ilościowe wzajemnie się uzupełniają: "*Wielu badaczy uznaje, że badania jakościowe rekompensują słabości badań ilościowych i na odwrót.* "(ibid.)

Wyniki badań muszą być wiarygodne, a zminimalizowanie możliwości wyciągnięcia błędnych wniosków oznacza, że należy zwrócić uwagę na wiarygodność i zasadność (Saunders, Lewis i Thornhill, 2007). Easterby-Smith i in., (2002, w Saunders, Lewis i Thornhill, 2007) stawiają pytania o to, czy do podobnych obserwacji dojdą inni obserwatorzy i czy istnieje przejrzystość co do tego, jaki sens miały surowe dane. Robson (2002, w: Saunders, Lewis i Thornhill, 2007 s. 149) określa zagrożenia dla wiarygodności jako błąd podmiotu lub uczestnika lub tendencyjność oraz błąd lub tendencyjność obserwatora. Badacz musi chronić się przed tymi zagrożeniami poprzez odpowiednią organizację swoich badań. (Saunders, Lewis i Thornhill, 2007) Ważność dotyczy tego, czy ustalenia te rzeczywiście dotyczą tego, co wydaje się być prawdą. (ibid.) Robson (2002, w: Saunders, Lewis i Thornhill, 2007 s. 151) identyfikuje szereg zagrożeń dla ważności, w tym historię, testy i niejednoznaczność co do kierunku przyczynowego. Badacz musi strzec się przed uogólnieniami i fałszywymi założeniami. Pytanie, które należy zadać, brzmi: *"Czy moje wnioski wytrzymują najściślejszą kontrolę?* (Saunders, Lewis i Thornhill, 2007, s.152). Saunders, Lewis i Thornhill (2007) mówią, że wybór tematu będzie rządził się względami etycznymi. Saunders, Lewis i Thornhill dalej to potwierdzają: "Jest to kwestia oceny, *czy strategia i metoda (metody) gromadzenia danych sugerowane przez względy etyczne przyniosą dane, które są ważne.* "(Saunders, Lewis i Thornhill, 2007, s.153). Cooper & Schindler (2014, s. 18) twierdzą, że wnioski powinny być ograniczone do tych, dla których dane stanowią odpowiednią podstawę. Wierzymy, że nasza metoda i ustalenia będą podlegały kontroli. Wyciągnięte wnioski zostały sformułowane w logiczny sposób. Zastosowano metody jakościowe i ilościowe oraz obszernie wykorzystano dane wtórne. Zastosowano analizy przypadków w celu uzyskania uogólnień i możliwych do podjęcia działań wniosków.

Rozdział 4: Wyniki, dyskusja i analiza

Zależność od zużycia paliw kopalnych

Zużycie paliw kopalnych jest głównym składnikiem nowoczesnej zgody ludzkości. Od czasu rewolucji przemysłowej wzrost zużycia energii przez ludzi jest ogromny. Ponad 80 procent obecnego zużycia energii jest uzyskiwane z paliw kopalnych. (Hughes, 2013, s. 3) Europejczycy zużywają średnio sześć do siedmiu razy więcej energii niż ich przodkowie dwieście lat temu, a średnie zużycie energii w USA jest dwukrotnie wyższe niż w Europie. (Moore & White, 2016, s. 74) Zdecydowana większość tego zwiększonego zużycia energii pochodzi z paliw kopalnych, podczas gdy odnawialne źródła energii stanowią jedynie niewielką część zużycia energii. Po promowaniu i upowszechnianiu alternatywnych źródeł energii, wiatr i słońce nadal stanowią jedynie około 3% zużycia energii. (Moore & White, 2016, s. 75) Oczekuje się, że w nadchodzących dziesięcioleciach globalne zużycie energii wzrośnie:

> *Wykładniczy wzrost zużycia energii jest cechą charakterystyczną dla krajów uprzemysłowionych. Kraje rozwinięte już teraz zużywają ogromne ilości energii i będą to robić nadal. A kraje rozwijające się, jeśli chcą stać się krajami rozwiniętymi, będą również zużywały więcej energii.* (Moore & White, 2016, s. 76)

Przewiduje się, że w ciągu następnych dwóch dekad światowe zużycie energii wzrośnie o dodatkowe 44 procent - a zużycie w USA o kolejne 7 procent. Paliwa kopalne pokryją około 80 procent tego zapotrzebowania. Hughes zwraca uwagę, że taki wzrost będzie wymagał zużycia w ciągu zaledwie dwóch dziesięcioleci równowartości 71% wszystkich paliw kopalnych zużywanych od połowy XIX wieku. (Hughes, 2013, s. 3) Stany Zjednoczone zużywają ponad 22 baryłki oleju na osobę rocznie. (Hughes, 2013, s. 80) Roczne zużycie ropy naftowej wynosi ponad 32 mld baryłek, w porównaniu z 11 mld baryłek w 1965 roku:

Łącznie od czasu wykonania pierwszego odwiertu naftowego pod koniec lat 50. do 2011 r., od 1960 r. i połowy od 1988 r. spalono 90 proc. całej zużywanej ropy. (ibid., str. 7)

Jest oczywiste, że zapotrzebowanie na energię w skali globalnej prawdopodobnie nie zmniejszy się w żadnym znaczącym okresie. W Stanach Zjednoczonych produkcja energii ze wszystkich źródeł wzrosła o 16%, podczas gdy jej zużycie w ciągu ostatnich 30 lat wzrosło o 29%. W konsekwencji, około 20% zużycia energii w USA pochodziło z importu w 2011 roku, w porównaniu z 11% w 1981 roku. Około 86% zużycia energii w 2011 r. pochodziło z paliw kopalnych, a pozostała część pochodziła z energii jądrowej (8,3%), wodnej (3,3%) i odnawialnej (2%). (Hughes, 2013, s. 12) Przewiduje się, że konsumpcja w USA wzrośnie o 9% do 2040 roku, przy czym 80% tego wzrostu stanowić będą paliwa kopalne. (ibid., s. 31) Przewiduje się, że wydobycie ropy naftowej w USA osiągnie szczytowy poziom w 2019 r. i zapewni jedynie 32 proc. podaży w 2040 roku. (ibid., s. 32) Przewidywany wzrost krajowego wydobycia ropy naftowej jest konsekwencją założeń, że pojawi się znacząca nowa produkcja z łupków/ropy uwięzionej w łupkach i że możliwe jest utrzymanie tej produkcji w przyszłości (ibid.) Czy taki scenariusz jest prawdopodobny, czy wręcz możliwy? Nie według Hughesa.

Fakt, że przewiduje się, iż import będzie zaspokajał 36 procent podaży w 2040 r., przeczy obecnej retoryce w niektórych kręgach Stanów Zjednoczonych, które wkrótce staną się "niezależne energetycznie"... Sytuacja w odniesieniu do przyszłego zapotrzebowania na import jest prawdopodobnie zaniżona (tamże, s. 33).

Jednak mimo to, wiele się dzieje w popularnym dyskursie na temat możliwości uniezależnienia się energetycznego USA. Rzeczywiście, polityka administracji Trąby jest jedną z "dominacji energetycznej" (Dichristopher, 2017)

Marzenie o amerykańskiej "dominacji energetycznej"

Amerykańska "niezależność energetyczna" jest ambicją wielu amerykańskich strategów i polityków, zwłaszcza od czasu ataku terrorystycznego na Nowy Jork i Waszyngton 11 września 2001 roku. Administracja "Trump" uczyniła wydobycie ropy naftowej w USA priorytetem. Przed jego wyborem Trump zapewniał:

> *Prawda jest taka, że mamy wystarczające zasoby energii w tym kraju, aby zasilić nas w następnym stuleciu - wszystko, co musimy zrobić, to je rozwinąć. Wśród wszystkich darów, jakie Bóg dał Ameryce, był obfity zapas naturalnej energii. Według Departamentu Energii rezerwy gazu ziemnego, które mamy w ziemi, mogą zaspokoić nasze zapotrzebowanie na energię przez wieki.* (Trąbka, 2015, s. 63)

Jednak już przed pojawieniem się prezydenta Trumpa USA podejmowały działania mające na celu nadanie priorytetu produkcji paliw kopalnych. Pod koniec 2015 roku Kongres uchylił zakaz eksportu ropy naftowej produkowanej w kraju (Moore & White, 2016, s. 31), natomiast w 2005 roku administracja Busha przyjęła ustawę o polityce energetycznej. Jego celem było *zapewnienie miejsc pracy dla naszej przyszłości z bezpieczną, przystępną cenowo i niezawodną energią.* (Spinti & Smith, 2017, s. 2) W 2015 r. Donald Trump zapewnił o tym:

> *Możemy mieć dwa biliony baryłek wydobywalnej ropy, wystarczająco dużo, aby przetrwać kolejne 285 lat... możemy wyprzedzić zarówno Arabię Saudyjską, jak i Rosję, aby stać się największym światowym producentem ropy. Olej jest tam do wzięcia, musimy go tylko zabrać.* (Trąbka, 2015, s. 63)

Według Moore & White (2016), po dziesięcioleciach spadku produkcji i uzależnienia od importu prawie 70 proc. ropy i gazu ziemnego, Stany Zjednoczone wyprzedziły zarówno Arabię Saudyjską, jak i Rosję, by stać się światowym producentem energii pierwotnej (mierzonej w ekwiwalencie baryłek ropy). Import ropy naftowej do Stanów Zjednoczonych zmniejszył się o prawie 60% w latach 2007-2013, podczas gdy krajowa produkcja ropy naftowej wzrosła z pięciu milionów baryłek dziennie w 2007 roku do 8,6 milionów baryłek dziennie w 2014 roku - wzrost o 40% w ciągu siedmiu lat. (Moore & White, 2016, s.27-8)

Jak doszło do tego pozornego wzrostu produkcji ropy naftowej w Ameryce? Odpowiedzią było połączenie technik wydobycia rekultywacyjnego - szczelinowania hydraulicznego utworów łupkowych i wiercenia poziomego. Szczelinowanie hydrauliczne zostało opracowane w 1948 roku. Szczelinowanie polega na szczelinowaniu skały w małe szczeliny przy użyciu dużej ilości płynnej wody i polimerów oraz na podparciu szczelin piaskiem w celu umożliwienia swobodnego przepływu węglowodorów do głowicy odwiertu.

Szczelinowanie hydrauliczne zwiększa tempo produkcji i całkowite ilości ostatecznie odzyskiwalne. (Hyne, 2001, s. 425) Nowoczesna technologia umożliwia wykonywanie odwiertów o różnych trajektoriach. Wiercenie poziome polega na wierceniu w dół w pionie, a następnie, po osiągnięciu wymaganej głębokości, wiertło odchyla się od pionu, a boczne poziome może być wiercone na setki stóp. Odwierty kierunkowe mogą być wykonywane zgodnie z kierunkiem powstawania formacji geologicznej. Następnie w różnych odstępach czasu wykonuje się szczeliny boczne, co poprawia dostęp do formacji i skutkuje zwiększeniem stopy odzysku. (Fanchi & Christiansen, 2017, s. 156) Moore i White podkreślają wzrost produkcji ropy z łupków jako odpowiedzialny za wzrost produkcji w USA:

> *Dzięki szczelinowaniu hydraulicznemu, wierceniom poziomym, obrazowaniu sejsmicznemu i analityce geofizycznej głębokich danych, amerykańscy producenci złamali kodeks energetyczny dotyczący łupków i zmieniają światowe rynki energetyczne.* (Moore & White, 2016, s. 29)

W optymistycznym raporcie opublikowanym w 2012 roku, były szef naftowy Eni, Leonardo Maugeri, zapewnił o tym:

> *Naturalne uzbrojenie początkowego amerykańskiego łupka "Bakken/Three Forks" (szczelna formacja naftowa w północnej Dakocie i Montanie) może stać się dużym krajem produkującym ropę w Zatoce Perskiej w Stanach Zjednoczonych. W kraju tym znajduje się jednak ponad dwadzieścia dużych formacji łupkowych, zwłaszcza Eagle Ford Shale, gdzie w wyniku ostatniego boomu ujawniły się zasoby węglowodorów porównywalne z zasobami Bakken Shale.* (Maugeri, 2012, s. 3)

Podobnie jak Moore & White, Maugeri uważał, że ciasny boom naftowy w USA to nie tymczasowa bańka, ale..: "*Najważniejsza rewolucja w sektorze naftowym od dziesięcioleci.* "(Maugeri, 2012, s. 6) Maugeri (ibid.) prognozuje wzrost produkcji do 4,17 mbpd z łupków/olejów bitumicznych do 2020 r. oraz ogólny wzrost produkcji netto w Stanach Zjednoczonych o 3,5 mbpd do 2020 r. (Hughes, 2013, s. 36) Maugeri zasugerował, że światowa zdolność produkcyjna ropy naftowej, z wyłączeniem biopaliw, wzrośnie do 110,6 mbpd do 2020 roku. Hughes (2013 r.) uważa jednak, że chociaż Maugeri prognozował moce produkcyjne, a nie rzeczywistą produkcję, to jest bardzo mało prawdopodobne, aby te duże moce produkcyjne zostały rozwinięte, chyba że większość z nich zostałaby wykorzystana. Hughes (ibid. s. 29) uważa, że Maugeri nie docenił wskaźnika wyczerpywania się istniejących złóż i w związku z tym przecenił wkład wydobycia z ciasnych pól naftowych w Stanach Zjednoczonych.

Peak Oil?

Pozorna radość związana ze zwiększonym wydobyciem ropy naftowej z łupków doprowadziła do wielu twierdzeń, które od wielu lat uderzają w serce ortodoksyjnego myślenia:

> *Rewolucja łupkowa uspokoiła również obawy przed "szczytem ropy". Przepowiednie o "zużyciu" żywności, wody, energii i innych zasobów niezbędnych do przetrwania człowieka są stałym elementem historii.* (Moore & White, 2016, str.45)

Rzeczywiście, Moore & White idą dalej i twierdzą, że ropa naftowa i gaz ziemny są:

> *O wiele bardziej zrównoważone zasoby, niż zdawaliśmy sobie sprawę zaledwie kilkadziesiąt lat temu. Jest to osiągnięcie "ostatecznego zasobu naturalnego" - ludzkiego umysłu - który będzie się dostosowywał, dostosowywał i tworzył, chyba że siły polityczne będą tłumić wolność innowacji.* (ibid.).

Zgodnie z tym tokiem myślenia, w przewidywalnej przyszłości Ameryka będzie opierać się na paliwach kopalnych w celu zaspokojenia swoich potrzeb energetycznych:

> *W przeciwieństwie do dziko-okich twierdzeń maltuzjańskich, w Stanach Zjednoczonych obfituje ropa naftowa, gaz ziemny i węgiel... Rewolucja łupkowa całkowicie dyskredytuje przerażające opowieści o Ameryce, której brakuje ropy i gazu. Mamy więcej paliw kopalnych niż jakikolwiek inny naród.* (ibid. s. 234)

Geolog Art Berman rozumie entuzjazm i dalszy rozwój ropy łupkowej oraz jej rolę w pozornej amerykańskiej rewolucji energetycznej:

> *Najbardziej atrakcyjnym aspektem gry z zasobami (łupkowymi) jest ich pozorny brak ryzyka. Skały macierzyste są celem wiercenia, więc poszukiwanie ropy i gazu jest podane. Ponieważ zabawy są ciągłym kumulacją, nie ma potrzeby mapowania i*

definiowania pułapki. Ponieważ zbiorniki są szczelne, uszczelnienia również nie stanowią problemu. (Berman, 2017a)

Amerykańskie interesy gospodarcze

Moore & White (2016, s. 243) oświadczają: "*Panie i panowie: Ameryka wygrała na loterii." Trafiliśmy w dziesiątkę. Znaleźliśmy skarb o wartości 50 bilionów dolarów leżący pod naszymi stopami."* Twierdzą oni, że produkcja z łupków będzie oznaczać podwojenie wzrostu gospodarczego do 4% lub więcej rocznie, miliony nowych miejsc pracy i wzrost płac. Osiągnięcie samowystarczalności energetycznej umożliwi USA spłacenie większości długu krajowego bez konieczności podnoszenia podatków. "*Ale te ogromne zasoby nigdy nie spłacą długu narodowego, jeśli nie zostaną oddane w leasing, wiercenie i produkcję.* "(ibid.) Moore & White (ibid. s. 238) twierdzą ponadto, że Stany Zjednoczone mogą stać się numerem jeden na świecie pod względem eksportu ropy naftowej i gazu ziemnego, którego wartość przekracza 1 bilion dolarów rocznie, a nawet 5% PKB. Pojawienie się łupków spowodowało również, że Stany Zjednoczone mogą zmniejszyć swój 9,2 mln baryłek dziennie z importu z krajów OPEC: "*Nieco ponad jedna trzecia tego importu pochodzi z OPEC, co ma poważne konsekwencje dla naszych interesów i bezpieczeństwa narodowego... Mamy teraz okazję zatrzeć lukę pomiędzy naszym zapotrzebowaniem na ropę naftową a naszą zdolnością do jej samodzielnej produkcji".* (ibid., s. 234) Na ile wiarygodne są te twierdzenia, biorąc pod uwagę fakt, że wiele danych dotyczących produkcji jest obecnie dostępnych do analizy?

Szczytowa rzeczywistość w zakresie ropy naftowej

Jak już wcześniej wspomniano, Hughes (2018) uważa, że łupki wzbudziły oczekiwania co do wydobycia ropy naftowej i gazu ziemnego w USA i stały się podstawą apeli o "dominację energetyczną" USA ze strony administracji Trump. Zwraca uwagę, że międzynarodowy eksport ropy naftowej rozpoczął się w ciągu ostatnich trzech lat i że prognozy wskazują, iż boom łupkowy będzie trwał co najmniej do 2050 roku. (ibid., s. 1) Hughes (2013) mówi, że od czasu rozpoczęcia produkcji w Bakken w Północnej Dakocie, tight oil jest zapowiadany jako główny przyczynek do potencjalnej "energetycznej niezależności" Stanów Zjednoczonych i od tego czasu szybko rośnie w formacji Eagle Ford w południowym Teksasie. Bakken i Eagle Ford razem wzięte stanowią ponad 80% produkcji ropy naftowej w warunkach ograniczonej dostępności. (tamże, str. 79) Ta niewielka produkcja wzrosła z praktycznie niczego w 2004 r. do ponad miliona baryłek dziennie. (ibid.) Ropa naftowa ma lekko słodką jakość i wraz z nią wydobywa się duże ilości gazu ziemnego. (tamże, str. 29) Spowodowało to jednak problemy z rafinacją i duża część ropy musi zostać zmieszana z ropą importowaną o niższej jakości, aby nadawała się do wykorzystania w rafineriach amerykańskich i na eksport. (Paraskova, 2017 r.) Mimo to Hughes zauważa również, że wydajność i szacowane wydobycie ostateczne (w EUR) na odwiert są bardzo zmienne. Produkcja z łupków koncentruje się wokół obszarów rdzennych lub "słodkich plam" i stanowi około 10-20% całkowitej powierzchni gry. (Hughes, 2018, s. 1) Spadek produkcji typowego odwiertu łupkowego wynosi średnio 70-80% w ciągu pierwszych trzech lat, przy czym znaczna część spadku przypada na pierwszy rok. W związku z tym, aby utrzymać produkcję, konieczne jest ciągłe wykonywanie nowych odwiertów:

> *Spadek wydobycia, na który składają się starsze odwierty zmniejszające się z mniejszym natężeniem oraz nowe odwierty zmniejszające się z większym natężeniem, zazwyczaj średnio o 20-40% rocznie, co oznacza, że aby utrzymać poziom wydobycia na stałym poziomie, należy co roku zastępować go nowymi odwiertami.* (ibid.)

Usprawnienia technologiczne odgrywają również istotną rolę w poprawie i utrzymaniu dobrej wydajności. Osiągnięto to dzięki wyższym poziomom wody i iniekcji proppantu oraz dłuższym poziomym bocznym krawędziom. Średnie zużycie wody na poziomych powierzchniach bocznych potroiło się od 2012 r., potroiło się również zużycie proppantowe. Studnia o bocznym przekroju 10.000 stóp (typowa dla Bakken) zużyje 21 milionów galonów wody i 20 milionów funtów proppantu. (ibid.) W związku z tym dla Hughesa entuzjazm Maugeriego i Moore'a & White'a jest błędny:

> *Hurtowe przyjęcie tych bardzo różowych poglądów, które nie są poparte czymś więcej niż tylko pobożnymi życzeniami, jest o wiele bardziej bycze niż nawet historycznie różowe poglądy na temat OOŚ, wyznaczają niebezpieczny kurs dla polityki energetycznej Stanów Zjednoczonych.* (Hughes, 2013, s.36)

Rzeczywistość amerykańskiej "dominacji energetycznej"

Z wyjątkiem Teksasu i Dakoty Północnej, gdzie mieszkają Eagle Ford i Bakken, produkcja we wszystkich regionach jest albo płaska, albo malejąca. Pomimo entuzjazmu dla niezależności energetycznej USA, całkowite wydobycie ropy naftowej ze wszystkich źródeł utrzymuje się na poziomie 31% poniżej poziomu z 1985 r. i 36% poniżej najwyższego poziomu z 1970 r. (ibid., s. 16) Około 42 procent konsumpcji ropy w 2012 roku pochodziło z importu. Zaledwie 34% konsumpcji pochodziło z krajowej produkcji ropy naftowej. (ibidem, s. 13)

Jednakże ciągłe doskonalenie technologii, w tym dłuższe poziome części boczne, potrojenie wtrysku wody i propantu oraz większa liczba etapów szczelinowania spowodowały wzrost średniej produktywności odwiertu w większości produkujących formacji łupkowych. (Hughes, 2018, s. x) Średnia wydajność odwiertu zmniejszyła się jednak od 2017 r., co wskazuje, że postęp technologiczny osiągnął punkt słabnącej rentowności. Hughes (ibid.) identyfikuje te spadki jako konsekwencję wiercenia poza słodkimi punktami i operatorów, z konieczności, wiercenia otworów zbyt blisko siebie, co skutkuje "uderzeniami szczelinowymi". Ingerencja w studnie utrudnia i utrudnia indywidualną produkcję studni. (ibid., s. x) Hughes ostrzega, że "*produkcja w starszych grach tight oil, takich jak Bakken i Eagle Ford, które były jednymi z pierwszych opracowanych grach tight oil, jest znacznie mniejsza niż szczyt.* "(ibid., s. x) Prognozy OOŚ zakładają odzyskanie wszystkich potwierdzonych rezerw, oprócz dobrego odsetka niesprawdzonych zasobów - aż 100 % do roku 2050. (ibid. s. ix) W związku z tym Hughes uważa prognozy OOŚ dla tych sztuk łupkowych za wysoce optymistyczne. (tamże. p. x)

Rzeczywiście, Hughes (2013) sugeruje, że analiza historycznych prognoz rządowych pokazuje, że generalnie zawyżają one produkcję. Według Hughesa: "*Taki nieuzasadniony optymizm nie pomaga w opracowaniu zrównoważonej strategii energetycznej na przyszłość.* " (tamże, str. 3) Hughes nie ma nadziei na spełnienie optymistycznych prognoz amerykańskich agencji rządowych:

> *Biorąc pod uwagę realia geologii, dojrzały charakter prac poszukiwawczych i zagospodarowania amerykańskich zasobów ropy naftowej i gazu ziemnego oraz prognozowane ceny, jest mało prawdopodobne, aby rządowe prognozy dotyczące produkcji mogły zostać zrealizowane. Niemniej jednak prognozy te są powszechnie stosowane jako wiarygodna ocena przyszłych perspektyw energetycznych USA.* (tamże, str.3)

Hughes zauważa, że duża część retoryki o przyszłym wzroście wydobycia ropy w USA koncentruje się na wzroście wydobycia z formacji Bakken w Północnej Dakocie i Forda Orła w Południowym Teksasie. Chociaż ostatnie wydobycie z tych złóż stanowi zwrot w stosunku do ostatecznej ścieżki spadku wydobycia ropy naftowej w Stanach Zjednoczonych przed 2008 r., przewiduje się, że Stany Zjednoczone osiągną szczyt wydobycia do końca tego dziesięciolecia. (ibid., str. 33)

Względy środowiskowe

Wykorzystanie technologii i rozwój nowych technologii może pomóc w eksploatacji niekonwencjonalnych zasobów ropy naftowej przy jednoczesnej minimalizacji oddziaływania na środowisko. (Zee Ma, 2016, s. 40) Jednak wiele niekonwencjonalnych odwiertów może wymagać wykonania w pobliżu skupisk ludności. Wpływ takich operacji wiertniczych musi być zminimalizowany. Istnieją obawy co do możliwości skażenia wód gruntowych w wyniku szczelinowania. Obawy te koncentrują się przede wszystkim na tym, czy szczeliny mogą zostać opanowane w obrębie formacji docelowej i z dala od kontaktu z podziemnymi źródłami wody pitnej. Przeprowadzono badania w celu zrozumienia, jak szczelinowanie wpływa na sąsiadujące konstrukcje skalne, a dalsze badania będą prawdopodobnie prowadzone w miarę postępu technologicznego. (ibid.)

Stany Zjednoczone do rywalizacji z Arabią Saudyjską?

W swoich prognozach dotyczących energii na świecie na rok 2012 (IEA, 2012, w Hughes, 2013, s. 36) IEA stwierdziła, że USA wkrótce będą produkować więcej ropy niż Arabia Saudyjska. Zakładało to, że do 2020 r. produkcja łupków i ropy naftowej w USA wzrośnie do 3,1 mbpd i obejmie szybko rosnącą produkcję płynów gazu ziemnego jako "ropy". Nawet jeśli Stany Zjednoczone spełnią szacunki EIA dotyczące produkcji, prognozuje się, że do 2040 r. produkcja ropy naftowej będzie znacznie niższa od produkcji Arabii Saudyjskiej. Nawet jeśli prognozy EIA zostaną spełnione, w 2040 r. USA będą importować 36 proc. swoich płynów naftowych. (ibid.) Większość wydobycia ropy łupkowej koncentruje się na dwóch największych złożach, a sześć największych pozostałych złóż stanowi 94 procent produkcji USA. (ibid., str. 80)

> *Podobnie jak w przypadku złóż gazu łupkowego, złoża ropy naftowej o wysokich parametrach wydajnościowych nie są wszechobecne, a najlepsze z nich to względne rarytasy. Występuje również znaczne zróżnicowanie w obrębie ciasnych liści*

olejowych, z mniejszymi słodkimi plcmami i większymi mniej wydajnymi obszarami. (ibid., str. 80)

Hughes nie wierzy, że pozostałe sztuki łupkowe będą rywalizować z wykonaniem Bakkena i Forda Orła. "*Jest to bardzo ważne dla rozważań nad długoterminowym bezpieczeństwem energetycznym i nadania perspektywie burzliwych prognoz".* "(ibid.,str.99) Hughes przyznaje, że to właśnie w przypadku ropy naftowej pochodzącej ze złóż o niskiej przepuszczalności produkcja ropy naftowej w USA została na nowo wydzierżawiona i pozwoliła na podwojenie produkcji w stosunku do poziomu z 2005 r., który był niższy od tego poziomu. Charakter tych złóż polega jednak na tym, że szybko się zmniejszają, tak że produkcja z poszczególnych odwiertów spada o 70-90% w ciągu pierwszych trzech lat, przy czym bez nowych odwiertów pole spada w granicach 20-40% rocznie. W związku z tym konieczne jest kontynuowanie wierceń, aby uniknąć gwałtownego spadku produkcji. Wiele najstarszych złóż znajduje się w końcowej fazie schyłku, a wiercenia na tych obszarach praktycznie ustały.

Studia przypadku oleju łupkowego

Szczelne luzy naftowe są na ogół zbyt niedojrzałe, aby określić tempo produkcji na dziesięciolecia w przyszłości. Jednak prognozy dotyczące dalszej produkcji na dużą skalę prawdopodobnie okażą się przesadzone. Rzeczywiście, wskaźniki produkcji w Bakken po 5 latach wynoszą średnio 33 bbls/d, a po upływie zaledwie siedmiu lat zbliżą się do marginalnego statusu "studni do striptizu". (10bbls/d) Studnie Eagle Ford osiągają status studni typu striptizer w ciągu zaledwie czterech lat. (Hughes, 2013, s.78)

Trajektoria wydobycia szczelinowatych luzów naftowych zależy od tempa wiercenia. Jeśli obecne tempo wierceń zostanie utrzymane, wydobycie ropy naftowej w stanie zamkniętym wzrośnie do maksimum... przy założeniu, że szacunki EIA dotyczące dostępnych lokalizacji w Bakken i Eagle Ford są prawidłowe. Produkcja w Bakken i Eagle Ford załamie się wtedy przy ogólnym tempie spadku pola. Zakładając dalszy liniowy wzrost produkcji w pozostałych wąskich lukach naftowych, w 2025 r. produkcja ropy będzie wynosić 0,7 mbpd. Stanowi to ciasną bańkę wydobywczą ropy naftowej w USA, trwającą nieco ponad dziesięć lat. (ibidem)

Istnieją również znaczne wyzwania techniczne związane z łupkami naftowymi. Na przykład w Bakken w ciągu wielu dziesięcioleci wyprodukowano 1,5 miliarda baryłek wody i 2,2 miliarda baryłek ropy. Woda ta jest kosztowna w utylizacji i zawiera znaczne zanieczyszczenia. (Berman, 2017)

Studium przypadku 1: The Bakken Shale Oil Play - The Story

Podobnie jak w przypadku łupków w ogóle, zwiększone wydobycie z formacji Bakken zostało entuzjastycznie przyjęte przez niekonwencjonalnych entuzjastów ropy naftowej:

> *Odwierty naftowe w Williston wydają się być bez dna. W 1995 r. amerykańska służba geologiczna oszacowała, że w łupkach Bakken znajduje się pięćdziesiąt milionów "technicznie wydobywalnych baryłek ropy". Do 2013 r. geolodzy szacowali na 24 mld baryłek. Obecna technologia pozwala na wydobycie jedynie około 6 procent ropy uwięzionej jedną lub dwie mile pod powierzchnią ziemi, tak więc w miarę postępu technologicznego wydobywalna ropa może ostatecznie przekroczyć pięćset miliardów baryłek. To więcej niż Arabia Saudyjska. Dakota Północna po raz pierwszy prześcignęła Kalifornię i Alaskę w wydobyciu ropy naftowej, a teraz zajmuje drugie miejsce za Teksasem.* (Moore & White, 2016, str.54)

Rzeczywiście, Bakken był pierwszym dużym problemem związanym z wyciekiem ropy naftowej. Chociaż Bakken od wielu dziesięcioleci prowadzi produkcję na niskim poziomie, to jednak pojawienie się wieloetapowego szczelinowania hydraulicznego w studniach poziomych było odpowiedzialne za wzrost produkcji w ciągu ostatniej dekady. (Hughes, 2013, s.81)

> *Bakken play reprezentuje najpełniejsze zastosowanie nowoczesnych technologii wiercenia poziomego i szczelinowania hydraulicznego. Zbiorniki Middle Bakken i (bazowe) Three Forks są szczelnymi, naturalnie złamanymi piaskowcami, które wyjątkowo dobrze reagują na długie boki i wielostopniową stymulację złamań.* (Berman, Drilling Info, 2017)

Formacja składa się z trzech warstw: górnego łupku Bakken, środkowego dolomitu Bakken oraz dolnego łupku Bakken. Każda warstwa jest ciasna i bardzo cienka na wysokości zaledwie 30-40 stóp w poprzek basenu. (Darbonne,

2014, s.16)

Rzeczywistość

Podobnie jak w przypadku produkcji łupków w ogóle, wprowadzenie odwiertów poziomych i szczelinowania hydraulicznego oraz zwiększenie wydajności sprawiło, że tempo wyczerpywania się zasobów w Bakken wzrosło. Wysokie początkowe wskaźniki wydobycia zamaskowały spadek pola, który obecnie uwidacznia się w odwiertach, których pierwsza produkcja miała miejsce w 2015 roku. Berman (2017b) twierdzi, że dowody na uszczuplenie zasobów są przekonujące, ale dane o presji na studnie nie są publicznie dostępne i byłyby potrzebne do zdecydowanego udowodnienia zasadności zmniejszenia zasobów. Hughes (2018, s. 16) wskazuje na to (rysunek 1, poniżej)

> *Poprawę wydajności odwiertów osiągnięto na płaskiej powierzchni lub zmniejszono we wszystkich z wyjątkiem dwóch okręgów, co wskazuje, że dostępne lokalizacje odwiertów są na wyczerpaniu; biorąc pod uwagę znacznie wyższy wskaźnik odwiertów, produkcja może ponownie zbliżyć się do szczytu w 2014 r.; jednak słodkie miejsca są na wyczerpaniu i niższa wydajność odwiertów poza głównymi obszarami będzie wymagała znacznie wyższych cen, aby były ekonomiczne.*

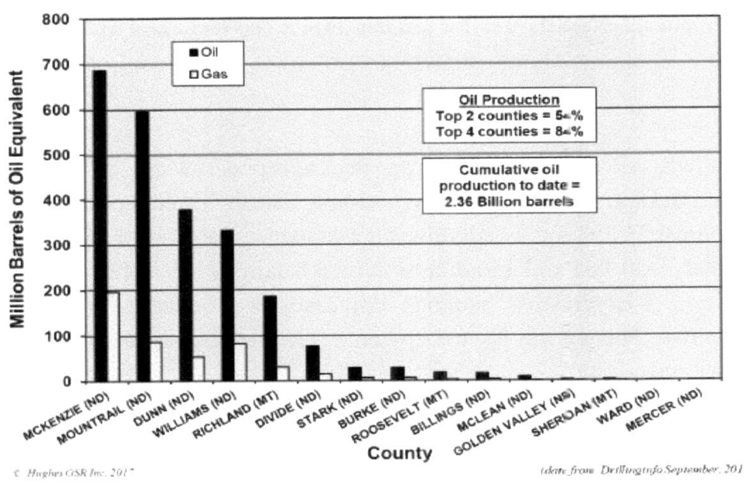

Rysunek 1: Skumulowane wydobycie ropy naftowej i gazu ziemnego z Bakken w poszczególnych hrabstwach. Ponad połowa wydobycia ropy naftowej pochodzi z dwóch

hrabstw - Mountrail i McKenzie - a 84% z nich oraz z hrabstw Dunn i Williams. Te "słodkie plamki" stanowią niewielką część całego obszaru Bakken. (ibid., str. 10)

Rysunek 2 (poniżej) ilustruje wzrost produkcji od zera w 2003 r. do jednego z największych spektakli w 2014 r., kiedy produkcja osiągnęła szczyt. Wykonano ponad 13.000 odwiertów, z czego ponad 12.000 nadal jest eksploatowanych. (ibidem, s. 8)

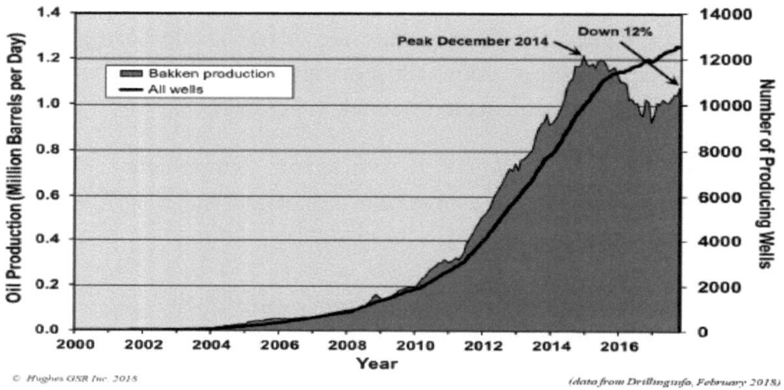

Rysunek 2: Produkcja osiągnęła szczyt w grudniu 2014 r. i od tego czasu spadła o 12%. (ibid., str. 8)

Hughes (ibidem, s. 13) zwraca uwagę, że zagospodarowana do tej pory powierzchnia Bakken i leżącego u jej podstaw Sanish Three Forks stanowi mniej niż połowę 25 853 mil kwadratowych zakładanego pola gry EIA i jeszcze mniejszą część z 30 965 mil kwadratowych zakładanych dla Three Forks. W związku z tym wiarygodność prognoz dotyczących produkcji Bakken jest wysoce wątpliwa. Pojawia się również pytanie o liczbę pozostałych lokalizacji odwiertów wiertniczych:

> *OOŚ zakłada, że pozostało 14 966 mil kwadratowych wierconej formacji Bakken przy średniej gęstości odwiertu wynoszącej 2,75 studni na milę kwadratową oraz 21 439 mil kwadratowych wierconej formacji Three Forks przy 3,5 studni na milę*

kwadratową (dla niesprawdzonych zasobów na koniec 2014 r.). Dla porównania, na istniejącym obszarze perspektywicznym średnia efektywna gęstość odwiertu wynosi 2,1 odwiertu na milę kwadratową (biorąc pod uwagę fakt, że każdy z odwiertów ma efektywny dostęp do dwóch mil kwadratowych), przy wyższych gęstościach w miejscach słodkich. Wydaje się zatem, że w OOŚ przeceniono ekonomicznie opłacalny zakres gry Bakken, a tym samym liczbę ekonomicznie opłacalnych odwiertów, które można wykonać, biorąc pod uwagę, że poza perspektywicznym obszarem wiercenia wykonano kilka nieopłacalnych odwiertów. (ibid., s. 13)

Nie można zaprzeczyć, że w większości sztuk łupkowych w ostatnich latach poprawiła się produktywność studni. Jak zauważono wcześniej, jest to częściowo spowodowane znacznym wzrostem ilości używanego płynu do szczelinowania oraz stosowaniem dłuższych poziomych ścian bocznych, które rozszerzają całkowitą objętość zbiornika odprowadzanego przez każdy odwiert. Konsekwencją tego jest jednak zmniejszenie liczby dostępnych miejsc wiercenia, ponieważ odwierty muszą być bardziej rozstawione, aby uniknąć zakłóceń. Dlatego też, przy mniejszej liczbie odwiertów, można odwodnić luz, ale ostateczne wydobycie pozostaje bez zmian. Innym ważnym powodem poprawy wydajności jest fakt, że operatorzy zidentyfikowali słodkie miejsca i skoncentrowali swoje wysiłki związane z wierceniami na najbardziej korzystnych geologicznie obszarach. (ibid.) W związku z tym Hughes uważa, że EIA przeceniła perspektywiczne pole gry formacji Bakken aż o 140%.

Przy założeniu, że możliwe będzie wykonanie 120 258 odwiertów w celu zagospodarowania niesprawdzonych zasobów plus potwierdzonych rezerw (według założeń EIA AEO 2017 i potwierdzonych rezerw na 2015 r.), plus 13 165 już wykonanych odwiertów, zwiększyłoby gęstość odwiertów na obszarze perspektywicznym do 10,5 na milę kwadratową. Rezultatem tego byłoby efektywne zagęszczenie 21 odwiertów na milę kwadratową, biorąc pod uwagę, że każdy z nich ma dostęp do dwóch mil kwadratowych o bocznym poziomie 10 000 stóp. Jest bardzo mało prawdopodobne, aby było to opłacalne z ekonomicznego punktu widzenia, biorąc pod uwagę fakt, że ingerencja w odwiert jest już wyraźnie widoczna; zasoby mogą być skutecznie eksploatowane przy znacznie niższym zagęszczeniu odwiertów, co sugeruje, że ostateczne zasoby nadające się do wydobycia są znacznie mniejsze niż szacunki EIA. (ibid., str. 13)

Hughes twierdzi, że założenie, iż 83 % sprawdzonych rezerw i niesprawdzonych zasobów zostanie odzyskanych do 2050 r., a wskaźnik wyjścia z produkcji w 2050 r. będzie niemal dwukrotnie wyższy niż obecnie, ma na celu nadwyrężenie wiarygodności do samego końca. Jedynym sposobem, w jaki można by zrealizować prognozę przypadku referencyjnego OOŚ, jest okazanie się ekonomicznie opłacalnym, co zdaniem Hughesa jest mało prawdopodobne. (ibid., str. 16)

Koszty przerwy w pracy

Przedmiotem pewnej debaty jest średnia cena ropy Bakken. Niektóre analizy wskazują, że koszt może wynosić nawet 80-90$/bbl. EIA (2012 r., w Hughes, 2013 r.) Szacunkowe maksymalne wydobycie (w EUR) dla odwiertu Bakken wynosi 550 000 baryłek na odwiert. Natomiast amerykańska służba geologiczna (United States Geological Survey, 2012, w Hughes, 2013) jest znacznie bardziej konserwatywna, co sugeruje, że euro jest bardzo zmienne w różnych częściach Bakken i waha się od 64 000 do 241 000 baryłek na odwiert.

Dla porównania, niektóre szacunki branżowe mówią o 1.160.000 baryłek na odwiert. Szacunki branżowe dotyczące technicznie możliwych do odzyskania zasobów dla Bakken, takie jak szacunki Continental Resources Inc. na 24,3 mld baryłek, są również znacznie wyższe niż ... szacunki USGS na 3-4,3 mld baryłek. Wiarygodność takich szacunków branżowych pozostaje w poważnym stopniu wątpliwa. (Hughes, 2013, s. 82)

Początkowa wydajność (OD) odwiertu jest jednym ze wskaźników jakości odwiertu i zazwyczaj wykazuje pewną korelację z EUR. Bakken wykazuje dużą zmienność pomiędzy odwiertami i ta zmienność świadczy o zróżnicowanych właściwościach geologicznych w różnych częściach formacji. Średnia początkowa wielkość produkcji wynosi 400 bbls/d. Bardzo wysokiej jakości odwierty o produkcji ponad 1000 bbls/d, stanowią mniej niż pięć procent całkowitej liczby odwiertów. Średnie wydobycie ze wszystkich działających odwiertów Bakken wynosi obecnie 124 bbls/d, ze względu na gwałtowny spadek wydobycia, a także ze względu na fakt, że ogólne wydobycie ze złoża składa się ze starych i nowych odwiertów. (ibid., s. 83) Roczna stopa spadku pola wynosi 40%. "*Jeśli w pierwszym roku eksploatacji będą prowadzone nowe odwierty na poziomie odnotowanym dla odwiertów wykonanych w 2011 r., konieczne będzie wykonanie 819 nowych odwiertów w celu zrekompensowania spadku pola każdego roku w stosunku do obecnego poziomu produkcji.* "(tamże, str. 84) Zakładając średni koszt 10 mln dolarów za odwiert, wymagałoby to finansowania w wysokości ponad 8,2 mld dolarów rocznie tylko po to, by utrzymać obecny poziom produkcji. (ibid.) Po drugiej stronie Bakken, cóż, wydajność spada. Rysunek 3 (poniżej) ilustruje wydajność odwiertu ocenianą dla ośmiu operatorów za pomocą analizy krzywej szybkości spadku w czasie. Operatorzy ci reprezentują 65% wydobywczych odwiertów i produkcji w Bakken.

OPERATOR	CUMULATIVE OIL PRODUCTION	TOTAL PRODUCING WELLS	2012-2015 WELLS USED FOR DCA
WHITING OIL AND GAS CORPORATION	256,346,497	1,757	995
CONTINENTAL RESOURCES, INC.	187,381,729	1,657	775
HESS BAKKEN INVESTMENTS II, LLC	185,106,777	1,382	818
XTO ENERGY, INC.	126,073,289	980	509
EOG RESOURCES, INC.	172,746,920	976	260
STATOIL OIL & GAS LP	99,420,181	719	408
BURLINGTON RESOURCES OIL & GAS CO	107,349,533	677	394
MARATHON OIL COMPANY	105,585,646	575	276

Source: Drilling Info & Labyrinth Consulting Services, Inc.

Rys. 3: Operatorzy, skumulowane wydobycie ropy naftowej, łączna ilość wykonanych odwiertów oraz odwiertów wykorzystywanych do analizy krzywej spadku w latach 2012-2015. (Berman, 2017a)

EUR zmniejszyła się w przypadku większości operatorów, a EUR w 2015 r. była niższa niż w poprzednich latach, co sugeruje, że wyniki odwiertu zmniejszyły się pomimo poprawy w zakresie technologii odwiertów, zob. rys. 4 (poniżej) Szacunkowe ostateczne ożywienie (EUR) w 2015 r. było niższe dla wszystkich operatorów niż w jakimkolwiek poprzednim roku. Berman sugeruje, że pomimo poprawy zarówno technologii, jak i wydajności, wydajność nadal spada. (ibidem)

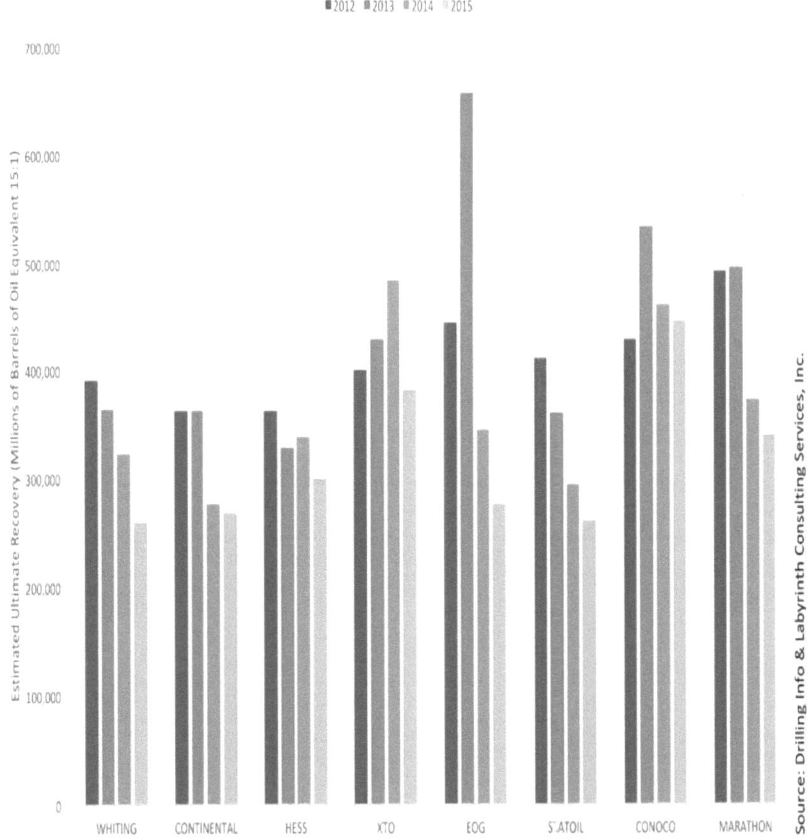

Rysunek 4: Spadek wartości bakken EUR (Berman, 2017a)

Dobra wydajność dla ośmiu operatorów Bakken zapewnia ramy dla wydajności firmy i przełomowe ceny dla Bakken. Rezerwy zostały oszacowane dla ponad 4400 odwiertów, z których pierwsza produkcja miała miejsce w latach 2012-2015, przy zastosowaniu metody standardowej w funkcji czasu. Analiza krzywej deklinacji (DCA) została również wykorzystana do oceny odwiertów o co najmniej 12-miesięcznej historii produkcji dla kluczowych operatorów. Grupa wydobywcza DCA została sporządzona oddzielnie dla poszczególnych operatorów i roku pierwszego wydobycia ropy naftowej, gazu ziemnego i wody (patrz Rysunek 5 poniżej). (ibid.)

	GROUP	WHITING	CONTINENTAL	HESS	XTO	EOG	STATOIL	CONOCO	MARATHON
WTD AVG EUR BOE 15	368,593	339,387	318,035	331,495	422,861	449,721	348,102	470,653	433,889
BREAK-EVEN OIL PRICE	$54.98	$59.85	$63.80	$61.30	$47.96	$45.09	$58.30	$43.08	$46.75

Source: Drilling Info & Labyrinth Consulting Services, Inc.

Break-Even Wellhead Price ($/Barrel)	EUR MBOE 15	Economic Assumptions
$45	451	$7 MM Well Cost
$50	406	80% Net Revenue Interest
$55	369	11% Severance Tax
$60	338	50 Barrels NGL per Mmcf
$65	312	OPEX $12/BOE
$70	290	8% Discount

Source: Drilling Info & Labyrinth Consulting Services, Inc.

	Per Mcf	Price Per Unit	Assumptions
NGL Yield 50 BPM	0.05	$0.90	NGL value is 40% of $45/bbl
Gas Shrinkage 86%	0.86	$2.15	Assumes $2.50/Mcf
Market Value of Gas/Mcf		$3.05	NGL/Mcf + Shrunk Gas/Mcf
Market Value of Condensate		$45.00	$45/bbl
Gas-to-BOE Conversion Factor	15	15 Mcf/BOE	$45 oil price/$3.05 NGL-adjusted gas price

Source: Labyrinth Consulting Services, Inc.

Rysunek 5: Żaden z kluczowych operatorów nie wykonuje odwiertów nawet przy niższych cenach ropy naftowej, a większość z nich wymaga do ich wykonania nawet wysokich cen.

Wraz ze wzrostem tempa wierceń i poprawą zdolności operatorów do rozpoznawania geologicznych "słodkich punktów", prace wiertnicze coraz częściej skupiały się na tych głównych obszarach. Fakt, że euro z tych zakładanych lokalizacji komercyjnych było niższe niż w przypadku wcześniejszych odwiertów, wskazuje, że sam rdzeń wykazuje oznaki wyczerpania i ingerencji w odwiert. (Berman, 2017) "*Brak wzrostu IP w nowych odwiertach świadczy o tym, że osiągnięto wzrost z "lepszej" technologii, a słodkie miejsca zostały zlokalizowane i są wiercone. Są to objawy gry łupków we wczesnym i średnim wieku.* "(Hughes, 2013, s. 84) Wydobycie gazu wzrosło, zanim produkcja ropy naftowej osiągnęła szczytowy poziom w grudniu 2014 r. (Rysunek 6 poniżej), a następnie spadło po marcu 2016 r., co spowodowało obniżenie ciśnienia w zbiornikach.

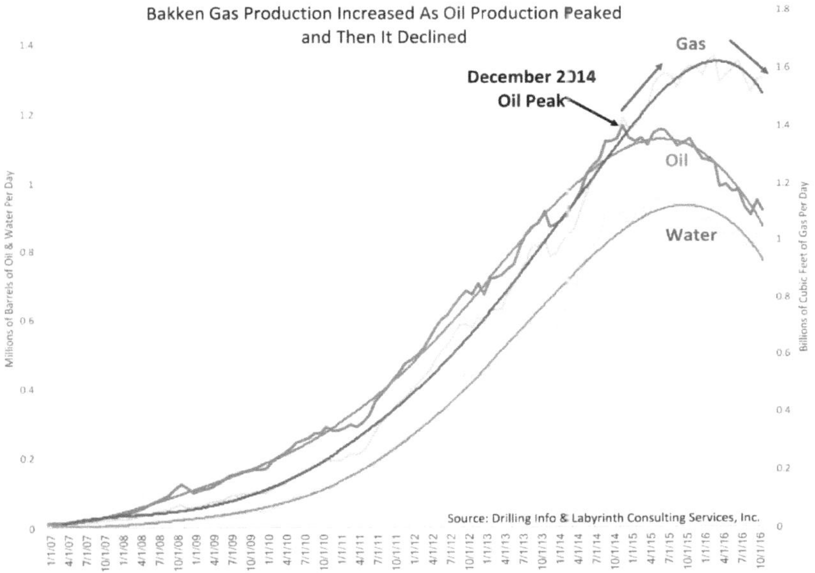

Rysunek 6: Wydobycie gazu Zwiększone w momencie, gdy produkcja ropy naftowej osiągnęła szczyt, a następnie spadło. (Berman, 2017a)

Ponadto stale zwiększa się zużycie wody - ścieków wytwarzanych wraz z olejem. Rosnące cięcie wodne to klasyczny znak dojrzałej gry oleju. (patrz rys. 7 i 8 poniżej) Utylizacja tej wody złożowej stanowi poważne wyzwanie.

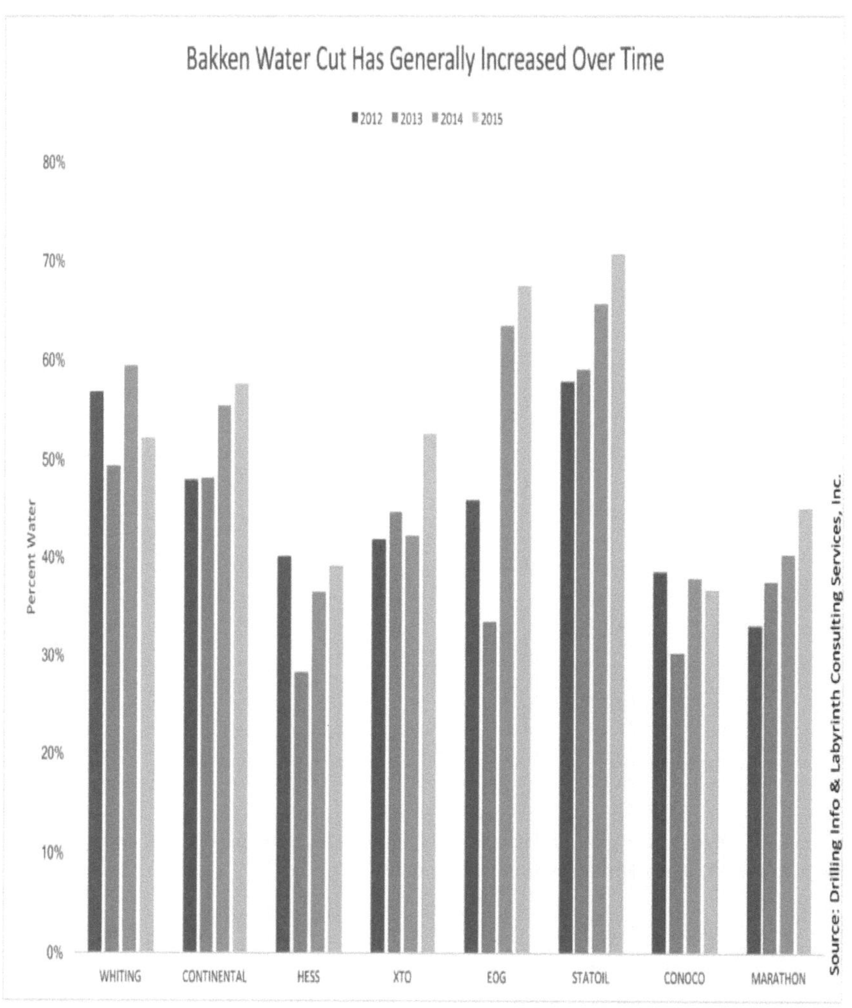

Rysunek 7: Zwiększające się z czasem cięcie wody w piecu. Woda, jako procent całkowitej ilości produkowanej cieczy, z czasem wzrosła u większości operatorów, co wskazuje na stopniowe wyczerpywanie się Bakken. (Berman, 2017a)

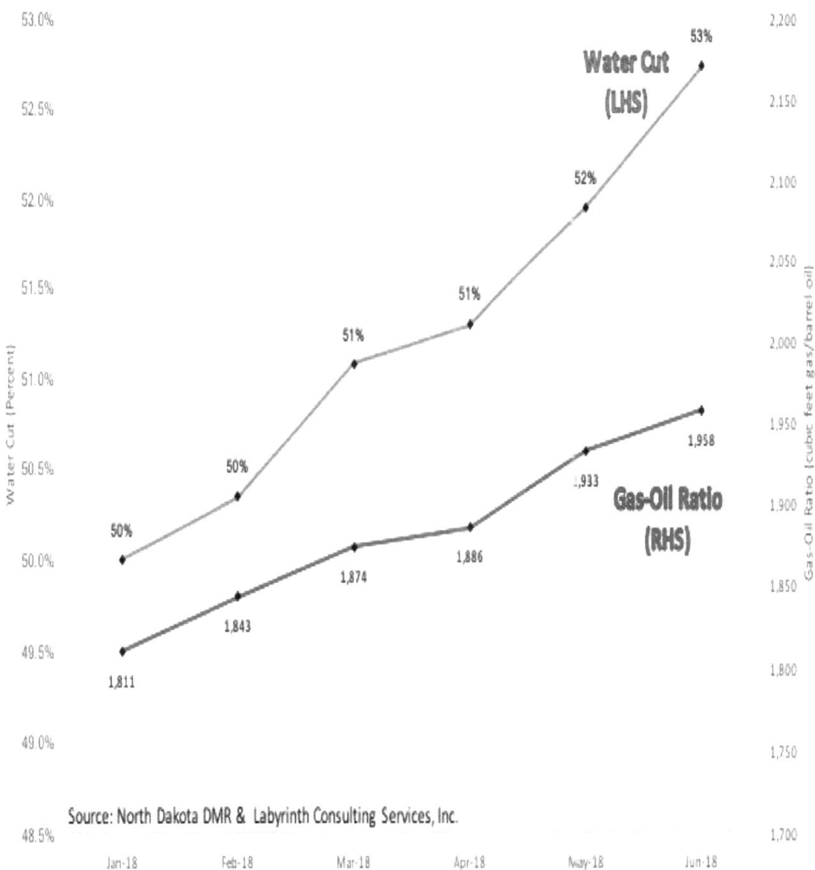

Rysunek 8: Wodociągi Bakken 2018 zwiększają się - luz malejący. (Berman, 2018a)

Przyszłość

Według Bermana (2017) spadek produkcji w Bakken, który rozpoczął się w 2015 r., nie jest prawdopodobnie odwracalny. Wydajność nowych odwiertów pogorszyła się, a stosunek wody i gazu do ropy rośnie. Energia złożowa pochodząca z ekspansji gazu ziemnego zmniejsza się, a tempo jej spadku przyspiesza, co ilustruje rysunek 9 poniżej.

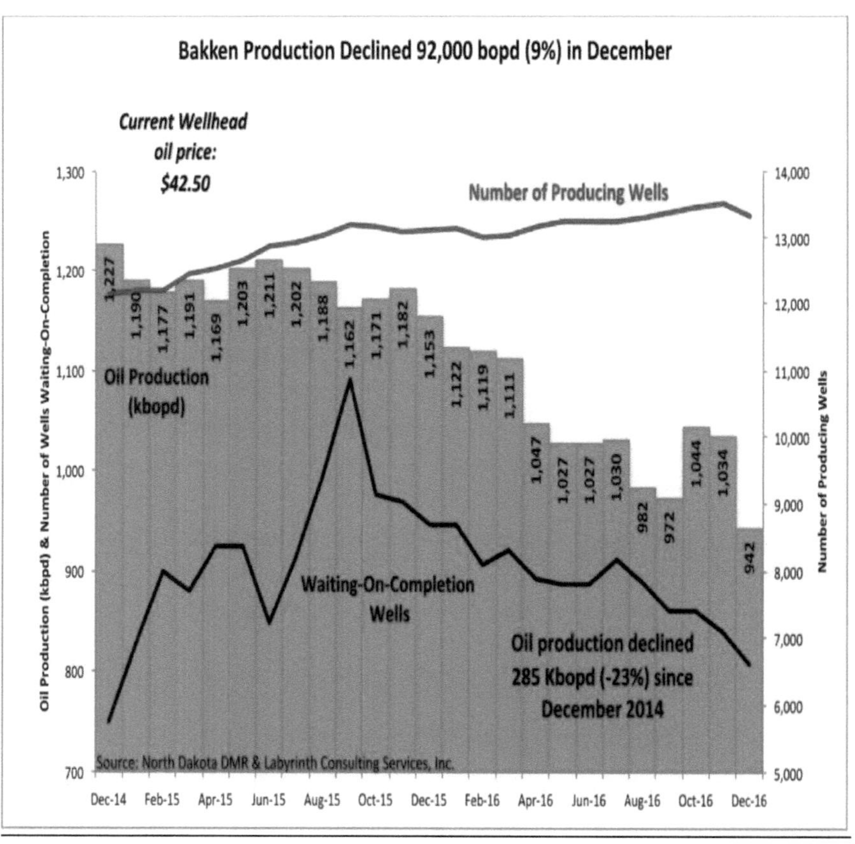

Rysunek 9: Spadek produkcji "Bakken Oil" od 14 grudnia do 16 grudnia. (Berman, 2017a)

Dla Hughesa (2013) pytanie brzmi, czy można zwiększyć produkcję Bakken i na jak długo?

Przyszły wzrost produkcji jest uzależniony od liczby odwiertów wykonywanych rocznie, wyników nowych odwiertów oraz liczby lokalizacji dostępnych do wykonania. Zakładając możliwość dodawania odwiertów na obecnym poziomie 1 500 rocznie oraz utrzymanie nowej jakości odwiertu na obecnym poziomie (tj. wydobycie z pierwszego roku na poziomie równym średniemu poziomowi z pierwszego roku 2011), krytycznym parametrem regulującym profil wydobycia na obszarze złoża staje się liczba dostępnych lokalizacji odwiertów. (ibid., str. 85)

EIA (2012 r., w Hughes, 2013 r.) szacuje, że w Bakken znajduje się pułap 11 725 odwiertów. Po wykonaniu wszystkich lokalizacji odwiertów, produkcja spada przy ogólnym spadku pola o 40 procent. Jednak ogólny spadek pola może z czasem nieco się zmniejszyć po osiągnięciu szczytu, gdy odwierty zbliżą się do końcowych wskaźników spadku. Niemniej jednak Hughes szacuje całkowite wydobycie ropy naftowej na ok. 2,8 mld baryłek do 2025 r., co dość dobrze koreluje z niższym zakresem szacunków USGS dotyczących wydobycia na poziomie trzech mld baryłek. Do 2022 r. średnia produkcja z odwiertów spadnie poniżej 10 bbls/d. (tamże, str. 85) Istnieje możliwość, że wydobycie osiągnie wartość szczytową w miarę jak tempo wierceń będzie powolne, a następnie będzie spadać w bardziej stopniowym tempie, z możliwością zmniejszenia tego spadku poprzez ponowne szczelinowanie odwiertów. (ibid.,str.89) Niemniej jednak, według Bermana (2017):

Wszyscy główni producenci Bakken nadal tracą pieniądze przy obecnych cenach studni... może nie być nigdzie indziej niż w dół. Wyższe ceny ropy naftowej mogą niewiele pomóc, ponieważ najlepsze dni na tę sztukę są już za nami... Wczesny upadek Bakken powinien służyć jako ostrzeżenie przed przyszłością innych ciasnych zagrywek naftowych.

Nie ma wątpliwości, że Bakken jest nowym i znaczącym źródłem ropy naftowej, które pomogło zrównoważyć spadki na polach konwencjonalnych i przyczyniło się do wzrostu produkcji krajowej w USA. Jednak w żadnym wypadku Bakken nie może autentycznie przyczynić się do długoterminowej niezależności energetycznej lub dominacji Stanów Zjednoczonych: "*Przy 0,5 miliarda baryłek wydobytych do maja 2012 r. i szacowanym ostatecznym wydobyciu około trzech miliardów baryłek do 2025 r., może to stanowić całkowity wkład około sześciu miesięcy konsumpcji ropy w Stanach Zjednoczonych"*. (Hughes, 2013, s.89)

Studium przypadku 2: Eagle Ford Shale Oil Play - The Story

Gra Eagle Ford Play w południowym Teksasie wzrosła z niczego jeszcze w 2008 roku do największego "tight oil play" w Stanach Zjednoczonych, osiągając szczyt w marcu 2015 roku. (Hughes, 2018, s. 17) Rysunek 10 (poniżej) przedstawia produkcję od 2008 r. do maja 2017 r. (ibid.) Zastosowanie wielostopniowego szczelinowania hydraulicznego w studniach poziomych pozwoliło na znaczny wzrost produkcji. (Hughes, 2013, s. 90) Wiercenie po raz pierwszy rozpoczęto w 1925 r., a produkcję komercyjną rozpoczęto w 1940 r. Poza Orłem Fordem, formacja składająca się z Wilcox, Navarro, Austin Chalk, Budy, Georgetown i Edwards. Pionowe studnie zostały wywiercone w samym Fordzie Eagle Ford z marginalnym powodzeniem. (Darbonne, 2014, s. 217)

Rzeczywistość

Podobnie jak w przypadku Bakken, produkcja nie jest jednolita w całej formacji Eagle Ford z zaledwie czterema okręgami odpowiedzialnymi za ponad 60% całkowitej produkcji, patrz Rysunek 10 (poniżej).

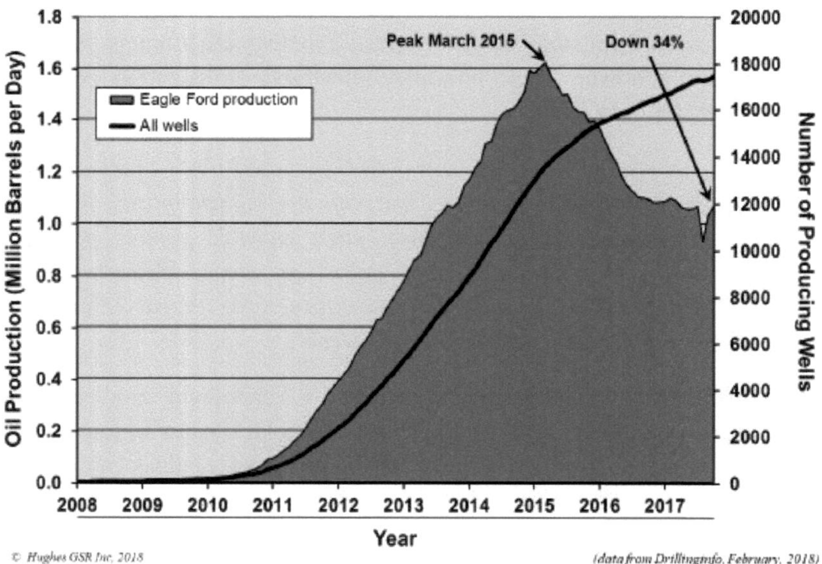

Rysunek 10: Wydobycie ropy naftowej przez Eagle Ford Play i liczba eksploatowanych odwiertów, 2008-2017. Produkcja osiągnęła szczytowy poziom w marcu 2015 r. i od października 2017 r. spadła o 34%. (Hughes, 2018, s. 17)

Rysunek 11 (poniżej) ilustruje produkcję z tych okręgów w porównaniu z pozostałymi dwudziestoma ośmioma. Widać, że wszystkie hrabstwa osiągnęły szczytową produkcję i obecnie zmniejszają się. (Hughes, 2018, s. 21)

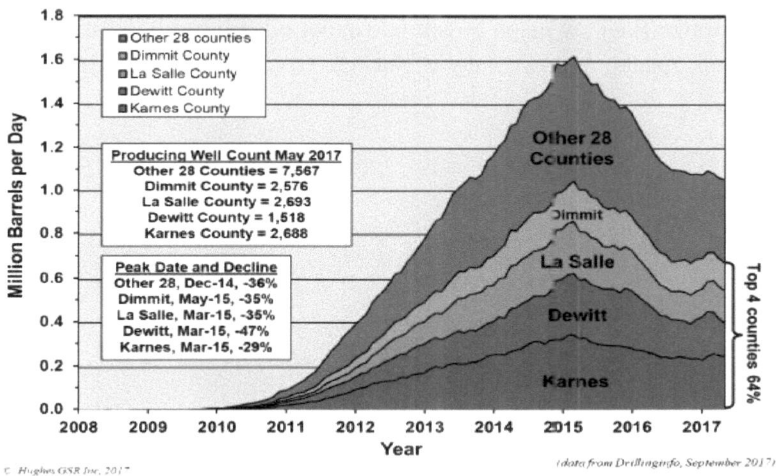

Rysunek 11: Produkcja hrabstw obsługujących Eagle Ford 2008-2017. Większość produkcji z zaledwie 4 hrabstw, wszystkie podupadają. (ibid , str. 21)

Wydajność w trzech z czterech najlepszych okręgów znacznie się poprawiła. Niemniej jednak, "słodkie plamki" mogą być nasycone studniami. (ibid., s. 24) Gwałtowny spadek obserwowany od szczytu w marcu 2015 r. może zostać spowolniony lub tymczasowo odwrócony wraz ze wzrostem tempa wierceń. W związku z tym, że słodkie plamy są wyczerpane, utrzymanie produkcji lub nawet jej spadek będzie wymagał zwiększenia prędkości wiercenia w miarę przemieszczania się wierceń do mniej wydajnych hrabstw. (ibid.) Stopień zmienności pomiędzy odwiertami wskazuje na różne właściwości geologiczne w obrębie Forda Orła. Średnia początkowa wydajność produkcji wynosi 437 baryłek dziennie, przy czym bardzo wysokiej jakości odwierty przepływają ponad 1000 baryłek dziennie, co stanowi około 10 procent całości. Średnie wydobycie ze wszystkich działających odwiertów Eagle Ford wynosi obecnie

168 bbls/d ze względu na efekt gwałtownego spadku wydobycia oraz fakt, że ogólne wydobycie ze złoża odbywa się z mieszanki ropy naftowej i nowych odwiertów. (Hughes, 2013, s. 92) *"Biorąc pod uwagę krzywą spadku wydobycia ropy naftowej z odwiertów Eagle Ford, która jest znacznie bardziej stroma niż w przypadku Bakken, ogólny spadek pola jest prawdopodobnie co najmniej równy spadkowi w Bakken - 4o- procent, i prawdopodobnie bardziej stroma".* (ibid.,str.93) Krzywa typu umieszcza średnią studnię Eagle Ford w kategorii studni "striptizerskiej" w ciągu trzech lat (mniej niż 15bbls/d), a nawet więcej niż wskaźnik spadku obserwowany w Bakken. (zob. rys. 12 poniżej) (tamże, s. 91)

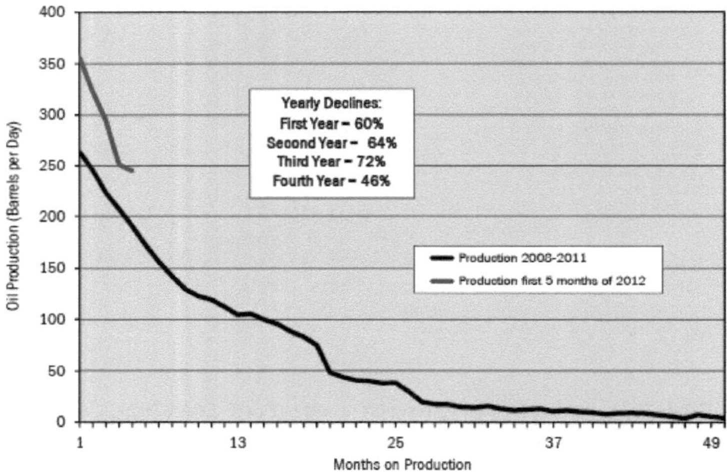

Rysunek 12: Krzywa spadku typu dla produkcji płynów Eagle Ford (ibid., str. 91)

Hughes (2018 r.) uważa, że OOŚ (2017 r., w Hughes, 2018 r.) przeceniła plac zabaw o 65% w porównaniu z obecnym perspektywicznym obszarem wierconym. Przy założeniu, że możliwe jest wykonanie 63 461 odwiertów w celu zagospodarowania zasobów nieudokumentowanych oraz potwierdzonych (według założeń EIA 2017 i potwierdzonych zasobów na 2015 r.), a także 17 951 już wykonanych odwiertów, gęstość odwiertu wzrosłaby do 9,2 na milę kwadratową. Jest bardzo mało prawdopodobne, aby miało to charakter ekonomiczny, biorąc pod uwagę już widoczną ingerencję. Ingerencja w studnie zmniejszyłaby kwotę euro w taki sposób, że ostateczne wydobycie wyniosłoby nieco mniej niż 11,7 mld baryłek, które zgodnie z założeniami OOŚ zostaną odzyskane w latach 2015-2050. (tamże, str. 24) Kwota w EUR dla Forda Eagle Ford wykorzystana przez OOŚ do oszacowania technicznie wydobywalnych zasobów na poziomie 2,461 mld baryłek wynosi 230 000 baryłek ropy na odwiert. Jest to ponad pięć razy więcej niż EUR oszacowane przez USGS na 55.000 baryłek ropy na odwiert. Szacunki branżowe dotyczące EUR są zwykle znacznie wyższe i wynoszą od 430 000 do 460 000 EUR. (Hughes, 2013, s. 92) Hughes twierdzi, że:

> *Przewidywany w OOŚ jedynie powolny spadek produkcji w 2050 r. jedynie nieznacznie poniżej obecnego poziomu oznacza, że po 2050 r. pozostaną znaczne zasoby do odzyskania. Jest to bardzo optymistyczne, biorąc pod uwagę powyższe i grać podstawy.* (Hughes, 2018, s. 24)

Przyszłość

Podobnie jak w przypadku Bakken, pytanie brzmi: w jakim stopniu i na jak długo można zwiększyć produkcję Forda Eagle'a? Przyszły wzrost zależy od liczby odwiertów wykonanych w ciągu roku, ich wyników oraz liczby lokalizacji odwiertów.

> *Zakładając, że możliwe jest dodawanie odwiertów na obecnym poziomie 1 983 rocznie oraz że nowa jakość odwiertu pozostanie na obecnym poziomie (tj. produkcja z pierwszego roku w nowych odwiertach, która odpowiada średniemu poziomowi z pierwszego roku 2011), krytycznym parametrem regulującym profil produkcji na terenie złoża staje się liczba dostępnych lokalizacji odwiertów.* (Hughes, 2013, s. 94)

EIA (2012, w Hughes, 2013, s. 94) szacuje, że od stycznia 2010 r. w bogatym w płyny oknie Eagle Ford dostępnych było 8.665 lokalizacji odwiertów (oraz dalsze 21.285 w oknie gazu łupkowego). "*Gdyby wszystkie istniejące odwierty stanowiły okno naftowe, to po wyczerpaniu się lokalizacji, w połączeniu ze 109 pracującymi w tym czasie odwiertami, uzyskano by łącznie 8.774 odwierty.* "(ibid.) Dla Hughesa (ibid., s. 99), gra Eagle Ford jest znaczącym źródłem ropy naftowej, które pomaga zrównoważyć spadki na polach konwencjonalnych i zwiększyć produkcję w USA, ale podobnie jak Bakken, nie jest panaceum na długoterminową "niezależność energetyczną" Stanów Zjednoczonych. "*Przy 0,17 miliarda baryłek wydobytych do maja 2012 r. i ożywieniu do 2,23 miliarda baryłek do 2025 r., może stanowić całkowity wkład około pięciu miesięcy konsumpcji ropy w USA".* (ibid., s. 99) Berman (2017a) twierdzi, że inwestorzy powinni być zaniepokojeni:

> *Podczas gdy analitycy dopingowali odporność sztuk łupkowych po załamaniu cen w 2014 roku, prawie miliard baryłek ropy Bakken wydobyto ze stratą - około 40% całkowitej produkcji od lat 60. ubiegłego wieku. Znaczne ilości ropy zostały zmarnowane po niskich cenach w celu zapewnienia płynności finansowej, aby wesprzeć niezarządzalne obciążenia długiem i zadowolić inwestorów wzrostem produkcji.*

Widzieliśmy, że Stany Zjednoczone są w dużym stopniu zależne od zużycia paliw kopalnych i że istnieje wielki entuzjazm dla "niezależności energetycznej" Stanów Zjednoczonych, która była deklarowanym celem wielu administracji amerykańskich na przestrzeni wielu lat. Wyraża się wiele retoryki, ale takie twierdzenia nie są poparte danymi przeanalizowanymi w niniejszym sprawozdaniu. Niedawna poprawa wydajności produkcji ropy naftowej w USA jest jednak niezaprzeczalna. Wynika to ze znacznego zwiększenia ilości wody i proppantu wykorzystywanego na studnię oraz zwiększenia długości poziomych ścian bocznych, a także zatłoczenia studni w miejscach "słodkich". Pozwoliło to operatorom na szybsze odwadnianie skał zbiornikowych przy mniejszej liczbie odwiertów, a tym samym zwiększyło opłacalność ekonomiczną. Ostatecznie słodkie plamy zostaną wyeksploatowane, a wiercenia przeniosą się do skał zbiornikowych o niższej produktywności, które będą wymagały wyższych cen, aby były ekonomiczne. (Hughes, 2018, s. 21) Odwierty łupkowe wykazują zwykle wysoki wskaźnik spadku w ciągu pierwszego roku, a liczba dostępnych przyszłych lokalizacji odwiertów wydaje się być zawyżona.

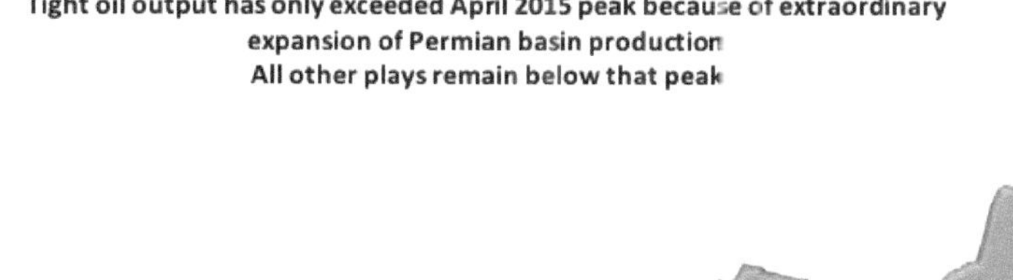

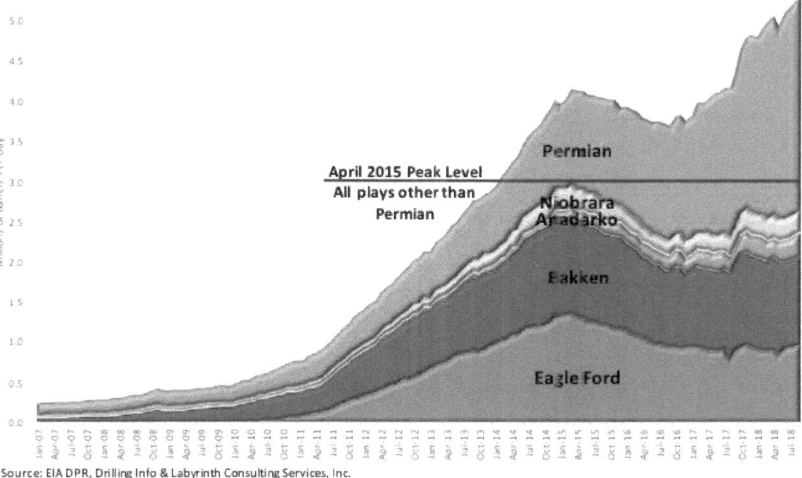

Rysunek 13: Produkcja Bakken & Eagle Ford pozostaje poniżej szczytu w 2015 r. - permska, odpowiedzialna za niekonwencjonalny wzrost USA od 2015 r. (Berman, 2018b)

Od 2015 roku nastąpił znaczny wzrost w basenie permskim zachodniego Teksasu. Rzeczywiście, od 2015 r. ta jedna sztuka jest odpowiedzialna za cały wzrost produkcji niekonwencjonalnej ropy naftowej w USA. Według Art Bermana (2017b), jeśli Basen Permski jest obecnie jedyną podstawą dla dominacji energetycznej USA, to USA ma "ogromny" problem. Oprócz słabego wzrostu w przybrzeżnej części Zatoki Meksykańskiej, czy też powrotu do wzrostu w Bakken i Eagle Ford, to właśnie Perm jest jedyną aktualną podstawą dla części ropy naftowej wschodzącej amerykańskiej dominacji energetycznej. Berman zwraca uwagę, że podobnie jak w przypadku Bakken i Eagle Ford, stosunek ilości gazu do oleju i wody gwałtownie wzrósł. Berman sugeruje również, że Permianin został już przewiercony. (ibid.) Dane dotyczące produkcji z pól wskazują na przyszłość szybkiego spadku wydobycia i znacznego wyczerpania się pól. Przed pojawieniem się ropy łupkowej, zasadnicza nierównowaga między podażą a popytem definiowała energię amerykańską, osłabiając gospodarkę i bezpieczeństwo narodowe USA. (National Energy Policy Development Group, 2001)

Odnawialne źródła energii dają pewną nadzieję na przyszłość energetyczną Ameryki, ale obecnie zaspokajają tylko niewielką część jej potrzeb energetycznych. Tymczasem krajowy popyt na paliwa kopalne nadal rośnie. W ten sposób wzrasta zainteresowanie badaniami nad dodatkowymi źródłami zaopatrzenia. (Dana & Patten, 2011) Wiele osób zdaje sobie sprawę z ogromnych ilości energii zmagazynowanej w łupkach naftowych. Źródła te stanowią jednak trudne wyzwanie, jeśli chodzi o ożywienie gospodarcze oparte na konkurencji. Takie wysiłki mogą być owocne (ibidem), a biorąc pod uwagę, że cel "niezależności energetycznej" ma fundamentalne znaczenie dla amerykańskiego spojrzenia na geopolitykę i amerykańskie interesy gospodarcze, a kontynuacja wydobycia ropy naftowej ma zasadnicze znaczenie dla tych interesów, jakie są alternatywne rozwiązania krajowe? Obawy związane z ochroną środowiska powodują, że metody wydobywania łupków naftowych są przyjazne dla środowiska i zmniejszają emisje, a jednocześnie zapewniają wysoką jakość produkcji energii. (ibid.) Przejdziemy teraz do dochodzenia w sprawie "łupków naftowych", potencjalnego zasobu 1,8 biliona baryłek.

Sprawa dotycząca łupków naftowych

Potencjał zasobów łupków naftowych w Stanach Zjednoczonych jest ogromny. Ruple & Keiter (2010) wskazują, że zasoby warunkowe formacji Utah Green River zapowiadają potencjał od 1,5 do 1,8 biliona baryłek. Z tego potencjalnie wydobywalne zasoby szacowane są na od 500 mld do 1,1 biliona baryłek ropy. Ruple & Keiter (tamże, str. 51) tak twierdzą: "*Według średniego szacunku 800 miliardów baryłek, formacja Green River zawiera ponad trzykrotnie większe od udokumentowanych zasobów ropy naftowej Arabii Saudyjskiej*" Ponad 50% światowych szacunków zasobów łupków naftowych znajduje się w formacji Green River, która obejmuje część północno-wschodniej części Utah, północno-zachodniego Kolorado i południowo-zachodniego Wyoming. 80% tej powierzchni jest własnością rządu federalnego. Ponad 400 miliardów baryłek ekwiwalentu ropy naftowej istnieje w łupkach naftowych w stężeniu przekraczającym 30 galonów na tonę. (Podkomitet ds. Energii i Zasobów Mineralnych, 2005, s. 92) Komercyjne wydobycie łupków naftowych mogłoby przyczynić się do obniżenia światowych cen ropy naftowej i zaoferować Stanom Zjednoczonym znaczne korzyści w zakresie bezpieczeństwa energetycznego. The Oil and Gas Journal (2004, tamże) zasugerował, że 100 mld baryłek ropy naftowej z krajowych łupków naftowych można by przeklasyfikować jako potwierdzone zasoby, jeśli technologia ta stałaby się opłacalna ekonomicznie. Czasopismo sugerowało, że gdyby częściowy rozwój był finansowo opłacalny, zasoby te mogłyby utrzymać przemysł wynoszący 2-3 mln baryłek dziennie przez dziesięciolecia (ibidem).

Olej" wydobywany z łupków naftowych jest niedojrzałym prekursorem olejowym zwanym kerogenem. Wydobywa się go w procesie zwanym "retortingiem", który wymaga podgrzania skały do około 900 stopni Fahrenheita. Opracowano zarówno in situ, jak i ex-situ metody retortowania. W procesie wydobycia in situ, skała macierzysta zostaje pozostawiona na miejscu, a do skały zostaje wtłoczone źródło ciepła, które powoli uwalnia ropę naftową w procesie pirolizy. Następnie kerogen spływa do studni i jest pompowany na powierzchnię. Źródło ciepła jest kwestią techniczną wciąż otwartą dla badań i rozwoju. Jedyny obecnie aktywny projekt w USA wykorzystuje elektryczne ogrzewacze oporowe z otworami w dół, ale alternatywne technologie obejmują parę, mikrofale, energię RF i ogień. (tamże, str. 93) Tymczasem wydobycie odkrywkowe i odkrywkowe może być z łatwością stosowane w przypadku złóż łupków naftowych stosunkowo blisko powierzchni i o płaskiej orientacji formacji. Obie metody wykorzystują podobny sprzęt: łopaty, koparki, przenośniki, zgarniarki i ciężarówki. *"Najbardziej prawdopodobnym połączeniem sprzętu górniczego byłyby koparki napędzane silnikami wysokoprężnymi, które ładowałyby materiały na wozy od 240 do 400 ton pojemności"*. (United States Bureau of Land Management, 2012, s. 23) Korzyści technologiczne związane z górnictwem powierzchniowym obejmują niższe koszty w okresie eksploatacji oraz wyższą wydajność w stosunku do innych technik wydobywczych. Inne korzyści obejmują elastyczność w dostosowaniu się do zmian w geometrii formacji, wysoką wydajność odzysku zasobów, wcześniej wydobyte obszary, które zapewniają miejsca składowania do usuwania nadkładu lub zużytych łupków, technologie, które są dobrze ugruntowane i logistykę operacyjną, która jest zoptymalizowana. (ibid.)

Shell i inne firmy naftowe zainwestowały wiele milionów dolarów w badania nad łupkami naftowymi od czasu uchwalenia w 2005 r. ustawy o polityce energetycznej, która ustanowiła ramy komercyjnej dzierżawy terenów łupków naftowych. Senator Utah Orrin Hatch od dawna jest zwolennikiem rozwoju Oil Shale:

> *W łupkach naftowych w Utah, Wyoming i Kolorado mamy tyle samo ropy naftowej, co w pozostałych częściach świata łącznie. Liberałowie i ekologowie mogą mówić wszystko, co chcą o wietrze, słońcu i geotermii...98% paliwa transportowego stanowi obecnie ropa naftowa.* (Birger, 2008)

Moore i White (2016, s. 244) wskazują na korzyści dla amerykańskiej gospodarki związane z eksploatacją łupków naftowych, przy czym opłaty federalne szacowane są na 3,214 bln USD, a federalne podatki dochodowe od osób prawnych na 7,546 bln USD, przy całkowitych dochodach federalnych na poziomie 10,76 bln USD. (ibid.) Moore i White są niezwykle byczy w kwestii przyszłego potencjału łupków naftowych: "Uważa się, że amerykańska *baza zasobów łupków naftowych (2 biliony baryłek ropy naftowej z 2,6 biliona na świecie) jest w stanie wydobywać 10 Mmbbl/d przez ponad 100 lat.*" (ibid., str. 241)

Tymczasem Bartis et al. (2005, s. 26) spekulują na temat przyszłego potencjału i wartości amerykańskiego przemysłu łupków naftowych oraz jego strategicznej wartości w zmniejszaniu zależności od importu:

> *Konkurencyjny przemysł łupkowy produkujący 3 mln baryłek ropy dziennie będzie wytwarzał około 1 mld baryłek ropy rocznie. Wartość tej produkcji będzie zależała od tego, gdzie za 30 lat będą się znajdować światowe ceny ropy naftowej. Gdyby do 2035 roku światowe ceny ropy naftowej wynosiły 50 dolarów za baryłkę (w realnych dolarach z 2005 roku), roczna wartość 3 milionów baryłek dziennie krajowego wydobycia ropy łupkowej*

wyniosłaby 50 miliardów dolarów... Bez takiego poziomu wydobycia łupków naftowych w Stanach Zjednoczonych, te 50 miliardów dolarów zostałoby przeznaczone, tak jak obecnie, na opłacenie importu ropy naftowej.

Dla Bartis et al. (ibid.) długoterminowe korzyści z produkcji łupków naftowych są oczywiste:

Rozwój rentownego przemysłu łupków naftowych przynosi duże korzyści ekonomiczne inwestorom i pracownikom firm związanych z eksploatacją, wydobyciem i wspieraniem przemysłu łupkowego. Ponadto, konsumenci ropy naftowej w Stanach Zjednoczonych, jak również za granicą, będą prawdopodobnie doświadczać niższych cen ropy. (ibid., str. 32-33)

Twierdzą oni, że jeśli uda się zrealizować ekonomiczne metody wydobycia łupków naftowych, to w oparciu o produkcję na poziomie 3 mln b/ p.p. możliwe są bezpośrednie zyski ekonomiczne w wysokości 20 mld USD rocznie. "*Konserwatywne założenia dotyczące elastyczności podaży i popytu przynoszą dodatkową roczną korzyść dla amerykańskich konsumentów w wysokości od 15 do 45 miliardów dolarów rocznie z powodu spadku światowych cen ropy.* "(ibid.) Chociaż istnieją wyraźne korzyści dla rozwoju i produkcji z łupków naftowych, produkcja ta nie jest pozbawiona istotnych wyzwań ekonomicznych i technicznych. (Taciuk, 2013)

Rzeczywistość

Czynniki, które ograniczają rozwój łupków naftowych, mają niewiele wspólnego z jakością surowca. Historycznie, koszt wydobycia łupków naftowych był wysoki w porównaniu z wydobyciem z zasobów konwencjonalnych. Problem ten został spotęgowany przez konieczność zbudowania infrastruktury do obsługi łupków naftowych oraz koszty usuwania produktów ubocznych. Pod koniec lat 70. i 80. rząd USA próbował uczynić łupki naftowe ekonomicznymi. Wysiłki te zostały zaniechane, ponieważ wydobycie ropy łupkowej nie mogło być utrzymane w obliczu tańszej konwencjonalnej produkcji ropy naftowej. (Podkomitet ds. Energii i Zasobów Mineralnych, 2005, s. 92) W ostatnich latach przemysł naftowy wykazał ponowne zainteresowanie i zaczął przeznaczać środki na rozwój technologiczny. (ibid.) Jednakże Siirde (2015) sugeruje, że pozostaje jeszcze wiele do zrobienia w celu zwiększenia wydajności każdego przemysłu łupków naftowych. Siirde (ibid.) mówi również, że kluczowe znaczenie ma elastyczny i oparty na wiedzy sektor energetyczny, który wspiera bezpieczeństwo narodowe i wskazuje na nowe jednostki wydobycia łupków naftowych prowadzące do krajowej konkurencji o łupki naftowe i związany z tym rozwój technologiczny. Próg" ceny ropy naftowej potrzebny do uruchomienia inwestycji w zagospodarowanie łupków naftowych jest znacznie wyższy niż cena rynkowa wymagana do stymulowania takich inwestycji w alternatywne zasoby niekonwencjonalne. (Bartis et al, 2005, s. 46) Dodatkowym źródłem niepewności jest zachowanie OPEC i wszelkie postrzeganie cen ropy naftowej jako wystarczająco wysokich, aby zachęcać do inwestycji w amerykańskie łupki naftowe. Jak widać w 2014 roku w stosunku do produkcji ropy łupkowej w USA (Ritz, 2016), OPEC prawdopodobnie zwiększy produkcję, tłumiąc światowe ceny ropy. Wczesne inwestycje w zagospodarowanie łupków naftowych prawdopodobnie zostaną utracone. (ibid.)

Ekonomika łupków naftowych

Niezależnie od zastosowanych technik odzyskiwania i retortowania zasobów, płynne łupki naftowe wymagają dalszej obróbki i modernizacji, zanim staną się atrakcyjne dla rafinerii jako surowiec dla paliw konwencjonalnych. (United States Bureau of Land Management, 2012, s. 45) Ocena łupków naftowych musi uwzględniać wszystkie etapy procesu produkcyjnego. Hughes (2013, s. 3) tak twierdzi:

> *Przyszłe zasoby niekonwencjonalne, z których część jest z natury bardzo duża, muszą być oceniane nie tylko pod względem ich potencjalnej wielkości in situ, ale także pod względem tempa i kosztów całego cyklu (zarówno środowiskowych, jak i finansowych), w jakim mogą one wnieść wkład w dostawy, a także pod względem ich wydajności energetycznej netto.*

Hughes (ibid., s. 44) sugeruje, że politycy i politolodzy na ogół nie doceniają znaczenia różnic w jakości zasobów, które wpływają na tempo, w jakim można produkować węglowodory i energię netto, którą dostarczają, aby wykonać użyteczną pracę. "Zamiast *tego patrzą tylko na rzekome ilości zasobów i trąbią "sto lat gazu ziemnego" lub "niezależność energetyczna USA jest tuż za rogiem".* Przejście na stopniowo coraz gorszej jakości źródło energii kieruje coraz większe zasoby do rozwoju i produkcji z tych źródeł energii, a nie do wykonywania użytecznej pracy. Wraz ze spadkiem wydajności energetycznej netto zwiększa się fizyczny i ekonomiczny wpływ wydobycia zasobów. (ibid., str. 45)

Zwrot z inwestycji w energię

Istotną częścią całościowego spojrzenia na etapy wydobycia łupków naftowych jest ostateczny zwrot z inwestycji (ang. Energy Return on Investment - EROI). Stosunek 1:1 oznacza, że na każdą jednostkę energii wyjściowej przypada jedna jednostka energii. (Cleveland & O'Connor, 2011, s. 2310) Wskaźnik EROI łupków naftowych szacowany jest na 2:1, podczas gdy wskaźnik EROI konwencjonalnej ropy naftowej wynosi 20:1. EROI dla łupków naftowych jest więc znacznie niższy od konwencjonalnej ropy naftowej. Dotyczy to zarówno surowych, jak i rafineryjnych etapów przetwarzania. W celu modernizacji łupków olejowych na funkcjonalny odpowiednik konwencjonalnego oleju należy dostarczyć dodatkową energię. Ten dodatkowy wysiłek niesie ze sobą karę energetyczną:

> *Nawet w stanie wyczerpanym - mniejsze i głębsze pola, wyczerpane naturalne mechanizmy napędowe itp. - konwencjonalna ropa naftowa generuje znacznie większą nadwyżkę energii niż ropa łupkowa. Nie jest to zaskakujący wynik, biorąc pod uwagę charakter zasobów naturalnych eksploatowanych w każdym procesie. Kerogen w łupkach naftowych jest stałym materiałem organicznym, który nie został poddany działaniu temperatury, ciśnienia i innych warunków geologicznych wymaganych do przekształcenia go w postać ciekłą. (ibid., str.* 2319)

Wpływ na wodę i środowisko naturalne

Komercyjne zagospodarowanie łupków naftowych będzie wymagało wody. Całkowite zapotrzebowanie na wodę będzie zależało od liczby i wielkości instalacji do wydobycia i przetwarzania łupków naftowych, a także od zapotrzebowania związanego z konkurencyjnymi technologiami produkcji. "*Chociaż wszystkie te zmienne są obecnie nieznane, można się spodziewać, że rozwój łupków naftowych będzie wymagał od jednej do trzech baryłek wody na każdą wydobytą baryłkę ropy*". (Ruple & Keitner, 2010, s. 62) Mimo że techniki górnictwa powierzchniowego związane z zagospodarowaniem i wydobyciem łupków naftowych są dobrze ugruntowane i nawet jeśli mogą być podejmowane w sposób ekonomiczny, nieodłącznym elementem tych procesów są znaczące oddziaływania środowiskowe na grunty, wody powierzchniowe i podziemne oraz ekosystemy, które na nich się opierają. (United States Bureau of Land Management, 2012, s.24) Konkurencyjne zapotrzebowanie na wodę i dostępność praw do wody stanowią wyzwanie dla rozwoju łupków naftowych:

> *Dla tych, którzy planują komercyjne zagospodarowanie zasobów łupków naftowych Utah, w tym planują wzrost liczby ludności, który nastąpi wraz z tym zagospodarowaniem, fundamentalna niepewność co do charakteru i zakresu praw do wody w basenie Unity może osłabić wysiłki zmierzające do zapewnienia odpowiednich dostaw wody.* (Ruple & Keiter, 2010, s. 62)

Niepewność co do priorytetów w zakresie prawa do wody skutkuje konkurencyjnymi roszczeniami o ograniczone zasoby. (ibid.,str.85) Przemysł naftowo-łupkowy będzie musiał zadbać o to, by pod względem tych praw znalazł się wysoko na liście priorytetów.

> *Wyjaśnienie dostępności wody jest ważnym krokiem i utoruje drogę wysiłkom na rzecz rozwiązania innych kwestii środowiskowych czekających na rozwiązanie. Istotnie, większe pytanie brzmi: jakie konkurencyjne zastosowania i wartości jesteśmy skłonni, jako społeczeństwo, zrezygnować z umożliwienia rozwoju łupków naftowych?* (ibid., str. 86)

Oprócz dostępności i wykorzystania wody, przy rozważaniu zagospodarowania łupków naftowych istnieje szereg innych czynników środowiskowych. Skutki te obejmują znaczne zaburzenia obszarów lądowych, utratę siedlisk, znaczne ilości nadkładu i zużytych łupków, wpływ na jakość powietrza i hałas. Konieczne będzie uwzględnienie programów melioracyjnych, które będą musiały być realizowane długo po zakończeniu eksploatacji górniczej. (United States Bureau of Land Management, 2012, s.24) Innym istotnym elementem górnictwa powierzchniowego jest zagospodarowanie łupków. Nie jest to po prostu przypadek wrzucania zużytych łupków z powrotem do dołu, z którego zostały wydobyte. Szereg kwestii logistycznych ogranicza takie usuwanie, np. wypłukiwanie w wyniku interakcji z wodami gruntowymi. (tamże, str. A-48) Co znamienne, aż 30-procentowy wzrost objętości przetworzonych łupków w stosunku do łupków surowych. Dokładne przyczyny tego efektu "pop-corn" nie są w pełni zrozumiałe, chociaż można się spodziewać zmian gęstości po ekstrakcji frakcji organicznych. "*Być może CO2 jest uwalniany z rozkładających się minerałów węglanowych, a gaz rozszerza strukturę mineralną w miarę ucieczki.* "(ibid.,str.49)

Studium przypadku łupków naftowych - Ecoshale

Jedną z technologii, która ma na celu rozwiązanie zarówno problemów ekologicznych, jak i ekonomicznych wynikających z wydobycia łupków naftowych, jest Ecoshale. Wynalazek ten ma na celu rozwiązanie wielu problemów związanych z eksploatacją i wydobyciem łupków naftowych. Wynalazek ma na celu obniżenie kosztów, zwiększenie wielkości produkcji, zmniejszenie emisji, ograniczenie zużycia wody, zapobieganie zanieczyszczeniu podziemnego poziomu wodonośnego, odzyskanie zaburzeń powierzchniowych, zmniejszenie kosztów transportu materiałów, usunięcie drobnych cząstek stałych i poprawę składu odzyskanych węglowodorów płynnych. (Dana & Patten, 2011)

> *Proces Ecoshale jest hybrydową technologią in-situ i ex-situ, w której łupki są wydobywane i odrestaurowywane w kapsule związanej z ziemią, łącząc w sobie to, co najlepsze zarówno in-situ, jak i ex-situ, w wyniku czego dostęp do zasobów jest stosunkowo tani i opłacalny.* (Phillips, 2013, s. 27)

Proces ten ma na celu obniżenie kosztów ripostowania oprócz wpływu na środowisko. Łupki są wydobywane i skutecznie zakopywane w przygotowanej kapsułce z gliny. Przeprowadzony został test w skali pilotażowej, a projekt i budowa kapsuły prawie pełnowymiarowej jest w trakcie realizacji, wykorzystując wyniki uzyskane od pilota testowego. (ibid.)

Test pilotażowy i uproszczony opis procesu

Pilotażowy test Ecoshale został przeprowadzony z łupków pochodzących z obszaru Seep Ridge w basenie Unita w Utah. Zgodnie z oczekiwaniami projektowymi, w teście wyprodukowano dwa wysokiej jakości strumienie oleju o ciężarze właściwym 29 i 39 API, niezawierające cząstek stałych z rudy łupkowej. (ibid., s. 28-29) Jednakże:

> *Poza składem... okazało się, że plon jest znacznie niższy od obserwowanego i oczekiwanego po badaniu Fischera. Uznano, że izolacja, która była uważana za nieprzepuszczalną, łatwo wchłania ciecze; analiza wykazała, że mechanizm grzewczy osiągnął wydajność zgodną z oczekiwaniami testu Fischera.* (Phillips, 2013, s.30)

Projektanci wracają do uszczelnienia glinianego, aby zapewnić maksymalną wydajność oleju podczas pełnowymiarowego testu i uważa się, że wyniki wczesnego systemu produkcyjnego pozwolą na uznanie technologii za komercyjną. (ibid.)

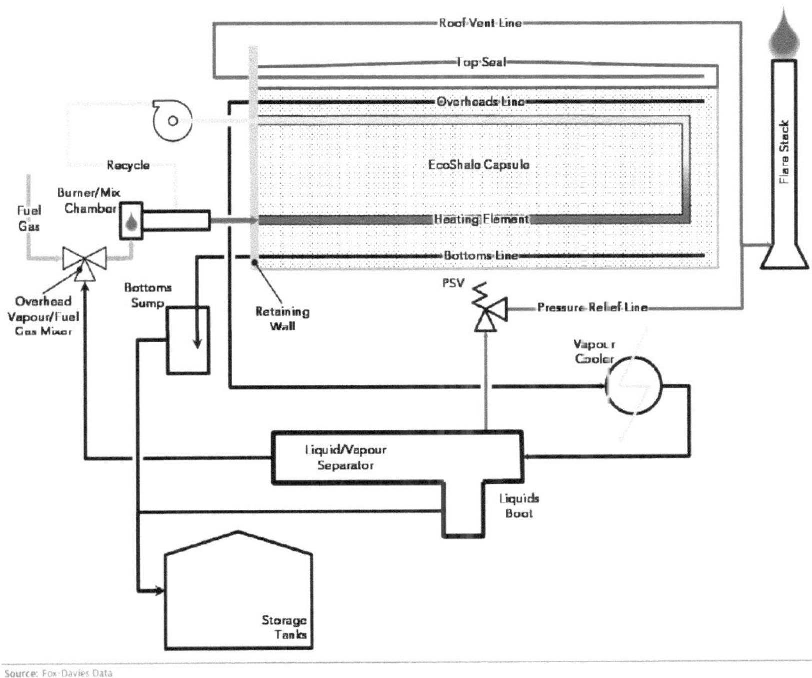

Rysunek 14. Schematyczne i główne elementy w procesie retortowania ekoshale. (ibid.)

Jak pokazano na rysunku 14., palniki gazowe i dmuchawy mają dostęp do wydobytych łupków znajdujących się w kapsule Ecoshale, ogrzewanie jest zasilane gazem ziemnym, a palniki podgrzewają gaz na wylocie do temperatury pomiędzy 450-525c. Temperatura jest utrzymywana za pomocą natężenia przepływu gazu i "schłodzonych" gazów z kapsuły. Gorące gazy są izolowane od łupków zawartych w Komorze. (ibid.) Ciecze przepływają z kapsuły pod wpływem grawitacji do wanny zbiorczej, a kerogen jest przenoszony do zbiorników produkcyjnych:

> *Opary węglowodorów wychodzące z kapsuły przez sieć napowietrzną są chłodzone w agregatach chłodniczych przed oddzieleniem ich od skroplonych cieczy w separatorze; ciecze są ładowane do zbiornika, podczas gdy opary nie pochodzące z recyklingu są spalane w pochodni.* (ibid., str. 32)

Dodatkowo:

> *Umieszczanie łupków w skałach płonnych, które są zaprojektowane z nieprzepuszczalną barierą z natury wyeksploatowanych łupków i chronią wody gruntowe. Szybka (jednoczesna) rekultywacja następuje w miarę postępu procesu. Ciepło procesowe wykorzystane w jednej kapsule może być odzyskane poprzez cyrkulację powietrza o temperaturze otoczenia, które przekazuje pozostałe ciepło do sąsiednich kapsuł. Technologia ta pozwala na wspólny rozwój energetyki, górnictwa, wydobycia i rekultywacji środowiska w miarę postępu prac w kopalni.* (Crawford & Stone, 2011, s.54)

Potencjalne korzyści z wydobycia łupków naftowych w procesie Ecoshale obejmują wydobycie bez użycia wody, szybką regenerację wydobycia i konfiskatę wyeksploatowanych łupków, ochronę wód powierzchniowych i gruntowych oraz unikanie interakcji w warstwie wodonośnej. Dodatkowe korzyści obejmują redukcję emisji dwutlenku węgla, możliwość wychwytywania i sekwestracji dwutlenku węgla oraz rekultywację topograficzną. (ibid.)

> *Korzyści ekonomiczne tej technologii wynikają z unikania dużych konstrukcji stalowych, unikania długich terminów realizacji budowy, wykorzystania standardowego sprzętu górniczego, skalowalności projektu, zintegrowanej i równoczesnej rekultywacji oraz produkcji bardzo wysokiej jakości surowców ropopochodnych/rafineryjnych.* (ibid., s. 55)

Ekonomika Ecoshale

W oparciu o wyniki testu pilotażowego, technologia Ecoshale ma szacowany wskaźnik EROI na poziomie 10. Porównuje się to korzystniej z EROI w przypadku konwencjonalnych olejów:

> *Ten EROI został zatwierdzony na podstawie skali stanowiska i wyników testów w terenie. Ostatnio przeprowadzona niezależna analiza szacuje, że koszty produkcji w technologii Ecoshale In Capsule Technology wynoszą około 25 USD za baryłkę (łącznie z Cap Ex)... Technologia Ecoshale In Capsule jest zasadniczo samowystarczalna energetycznie, ponieważ skutkuje produkcją wystarczającej ilości syntetycznego gazu ziemnego, aby spełnić wszystkie jej wymagania dotyczące energii elektrycznej, ciepła i*

wodoru. (US Bureau of Land Management, 2012, s.90)

Jednak początkowe koszty opracowania i skonstruowania technologii Ecoshale są nieco wyższe niż byłoby to opłacalne przy dzisiejszych cenach ropy naftowej. Przeprowadzono wstępne studium handlowe dla technologii Ecoshale dotyczące dzierżawy Seep Ridge w Utah. Z badania wynika, że kluczowe składniki kosztów komercyjnego projektu w Seep Ridge, zakładające wzrost o 30 000 b/pr, obejmują koszty kapsuły w wysokości 31,8 mln USD za jeden milion baryłek, podczas gdy koszt pracujących jednostek gazowych i centralnego zakładu przetwórczego wynosi 4,1 mld USD. Koszty centralnego zakładu przetwórczego były znacznie wyższe niż przewidywano i uniemożliwiały natychmiastowe inwestycje. Jednakże, przy większej ilości czasu poświęconego na optymalizację zakładu, uważa się, że efektywność może być osiągalna. (TomCo, 2016) Wysokie koszty zakładów przetwórczych stanowią istotną przeszkodę dla rozwoju technologii Ecoshale oraz ogólnie dla rozwoju eksploatacji powierzchniowych łupków naftowych:

> *Biorąc pod uwagę wysokie koszty kapitałowe związane z budową i eksploatacją bardziej zaawansowanych operacji rafineryjnych w odległych lokalizacjach kopalń, operatorzy kopalń mają niewielką motywację do dublowania istniejących zdolności rafineryjnych, a większość modeli biznesowych związanych z zagospodarowaniem łupków naftowych będzie prawdopodobnie obejmować jedynie modernizację, która jest minimalnie konieczna, aby produkty końcowe były akceptowane przez konwencjonalne rafinerie i mogły być transportowane do tych rafinerii za pomocą istniejących technologii transportu.* (United States Bureau of Land Management, 2012, s. 46-47)

Alternatywne technologie łupków naftowych

Oprócz Ecoshale, na różnych etapach rozwoju znajduje się szereg alternatywnych metod wydobycia łupków naftowych. Proces Shell ICP nagrzewa sekcje pola łupków naftowych na miejscu, uwalniając olej łupkowy ze skały, dzięki czemu może być on wypompowywany na powierzchnię. W tym procesie budowana jest mrozoodporna ściana, która ma na celu odizolowanie obszaru przetwarzania od otaczających go wód gruntowych. (Phillips, 2013, s. 46) W celu zmaksymalizowania funkcjonalności mroźnych ścian, kolejno opracowywane są przyległe strefy robocze. 610M studnie są wiercone w odległości ośmiu stóp od siebie, są wiercone i wypełniane krążącą super-chłodzoną cieczą w celu schłodzenia ziemi do -50c. Woda jest następnie usuwana ze strefy roboczej. Odwierty grzewcze i wydobywcze wykonywane są w odstępach 12m w obrębie strefy roboczej. (ibid.) Elektryczne elementy grzejne są opuszczane do szybów grzewczych i wykorzystywane do podgrzewania łupków naftowych do temperatury 340-370c przez okres czterech lat. Kerogen jest powoli przekształcany w ropę naftową i gazy łupkowe, które wypływają na powierzchnię przez otwory wydobywcze. (ibid.) W procesie ExxonMobil "Electrofrac" wykorzystuje się szereg wzdłużnych pionowych szczelin hydraulicznych w formowaniu łupków olejowych. Energia elektryczna jest rozprowadzana w każdej studni grzewczej. W celu zapewnienia przewodności, materiał przewodzący prąd elektryczny, taki jak koks naftowy kalcynowany, jest wstrzykiwany do odwiertów w szczelinach, tworząc element grzejny. Studzienki grzewcze są umieszczane w prostopadłym rzędzie, przy czym druga studnia pozioma przecina je u ich stóp. (ibid.)

> *Pozwala to na zastosowanie przeciwstawnych ładunków elektrycznych na obu końcach. Doświadczenia laboratoryjne wykazały, że na ciągłość elektryczną nie ma wpływu konwersja nafty i że węglowodory są wydalane z podgrzanych łupków naftowych nawet pod wpływem naprężeń miejscowych. Olej łupkowy jest wydobywany przez oddzielne dedykowane odwierty wydobywcze.* (ibid.)

Oprócz specyficznych technologii wydobywczych, ulepszone techniki wydobywania ropy naftowej, opracowane dla konwencjonalnej ropy naftowej, mają również potencjalne zastosowanie dla wydobycia łupków naftowych. Techniki te mogą być wykorzystywane do mobilizowania kerogenów we wczesnych fazach rozwoju formacji. (United States Bureau of Land Management, 2012, s.26)

Podsumowanie ustaleń

Wykładniczy wzrost zużycia energii jest charakterystyczną cechą charakterystyczną industrializacji. Kraje uprzemysłowione będą nadal zużywać ogromne ilości energii w przyszłości. (Moore & White, 2016) Zapotrzebowanie na energię prawdopodobnie nie zmniejszy się w żadnym znaczącym okresie. Stany Zjednoczone uznały uzależnienie od importu ropy naftowej za zagrożenie dla swoich interesów strategicznych i określiły zwiększenie produkcji ze źródeł niekonwencjonalnych jako drogę do "niezależności energetycznej". Oczekuje się jednak, że wydobycie ropy naftowej w USA osiągnie szczyt w 2019 r. i do 2040 r. zapewni jedynie 32% całkowitej podaży energii w USA. (Hughes, 2013) Hughes (2018) pokazuje, że wydajność poszczególnych niekonwencjonalnych studni jest bardzo zmienna i koncentruje się wokół "słodkich punktów". Oczekuje się, że w nadchodzących latach obszary te ulegną szybkiemu wyczerpaniu. Dla Hughesa (2013) entuzjazm skupiony wokół koncepcji niezależności energetycznej USA jest całkowicie błędny. Dowody z gier Bakken i Eagle Ford wydają się potwierdzać troskę Hughesa. W szczególności wydaje się, że liczba pozostałych lokalizacji odwiertów została zawyżona, a dramatyczny spadek liczby istniejących odwiertów jest widoczny (Hughes, 2018).

Biorąc pod uwagę możliwość zbliżającego się szczytu w produkcji ropy naftowej, USA będą musiały zbadać alternatywne krajowe źródła ropy. Badanie potencjału "łupków naftowych" ujawnia zasoby warunkowe w wysokości do 1,8 biliona baryłek. (Ruple & Keiter, 2010). Jednakże wyzwania technologiczne, finansowe i środowiskowe mogą utrudnić komercyjne wydobycie łupków naftowych. W latach 70. i 80. rząd USA próbował uczynić łupki naftowe ekonomicznymi, ale wysiłki te okazały się nieekonomiczne. Biorąc pod uwagę te doświadczenia, Siirde (2015 r.) sugeruje, że pozostaje jeszcze wiele badań do podjęcia w zakresie komercyjnego wydobycia łupków naftowych. Technologia Ecoshale stanowi najnowsze osiągnięcie mające na celu potwierdzenie komercyjnego charakteru amerykańskich łupków naftowych. Jakość wydobywanych węglowodorów jest imponująca, ERCI jest korzystna, a także podjęto poważne próby zmniejszenia obaw związanych z wykorzystaniem wody i szerszym wpływem na środowisko. Jednak wysokie koszty lokalnych zakładów produkcyjnych sprawiają, że projekt jest obecnie nieopłacalny. Przejdziemy teraz do zestawu wniosków i zaleceń. Dlatego też uważamy, że niekonwencjonalna produkcja ropy naftowej w USA jest niezrównoważona i że roszczenia USA do niezależności energetycznej są w najlepszym razie przedwczesne.

Rozdział 5: Wnioski, implikacje i zalecenia

Musimy stwierdzić, że przyszłość niekonwencjonalnej produkcji ropy naftowej w USA wydaje się ponura. Gwałtowny spadek liczby odwiertów, niedostatek nowych lokalizacji odwiertów, wczesna eksploatacja "słodkich punktów" i brak ekonomicznej alternatywy dla produkcji niekonwencjonalnej wskazuje na przyszłość spadku. Niekonwencjonalne wydobycie ropy naftowej z większości istniejących złóż łupkowych osiągnęło już swój szczyt, a boom na ropę łupkową wydaje się być zjawiskiem tymczasowym. Cel długoterminowej energetycznej niezależności Ameryki wygląda na odległy, a tym bardziej na perspektywę dominacji energetycznej.

Jeśli Stany Zjednoczone poważnie traktują długoterminową niezależność energetyczną, to będą musiały rozważyć początkowe dotacje i rozwój alternatywnych technologii, takich jak te, których celem jest rozwój łupków naftowych. Przewiduje się, że koszty wydobycia łupków naftowych z technologii takich jak Ecoshale spadną wraz z rozwojem tego procesu. Nawet w tym przypadku prognozowana wydajność na poziomie 2 milionów boepd z takiej technologii może okazać się niewystarczająca w stosunku do dziennego zapotrzebowania Ameryki na energię. Dlatego też rozwój łupków naftowych może stać się pomostem do zrównoważonej produkcji z odnawialnych źródeł energii, gdy źródła te staną się konkurencyjne gospodarczo. W międzyczasie, jeżeli twórcy technologii Ecoshale będą w stanie zmniejszyć koszty związane z wymaganiami dotyczącymi przetwarzania na miejscu, wówczas zagospodarowanie łupków naftowych może stać się propozycją inwestycyjną. Istnieje szereg środków, które rząd może wdrożyć w celu stymulowania inwestycji, które przedstawiamy w zarysie i które mogą działać jako katalizator działań inwestycyjnych.

Nie można ignorować strategicznego znaczenia niezależnej produkcji amerykańskiej i wynikają z tego istotne konsekwencje:

> *Niektórymi krajami eksportującymi ropę naftową rządzą reżimy, które nie wspierają, a w niektórych przypadkach sprzeciwiają się*

polityce USA zachęcającej do przestrzegania praw człowieka, rozwoju demokracji i zwalczania terroryzmu. Kiedy ceny ropy naftowej są wysokie, narody te mają więcej środków na realizację swoich własnych celów politycznych. W skali globalnej około 2,2 miliarda dolarów dziennie jest przekazywanych przez importerów ropy naftowej na rzecz eksporterów ropy. Jeśli ceny ropy nie spadną, przychody netto z eksportu ropy do krajów Zatoki Perskiej należących do OPEC wyniosą w 2005 roku około 330 mld USD. (Bartis i inni, 2005, s. 30)

Takie uzależnienie od obcych źródeł ropy naftowej doprowadziło ostatecznie do napięć i konfliktów:

> *Dochody z eksportu ropy naftowej zostały wykorzystane przez nieprzyjazny naród, taki jak Iran i Irak pod rządami Saddama Husajna, na wsparcie zakupu broni lub rozwój własnej bazy przemysłowej do produkcji amunicji.* (ibid.)

Dla Bartisa i in. (ibid.) istnieją wyraźne argumenty na rzecz bezpieczeństwa narodowego, które powinny pobudzić politykę rządu mającą na celu zwiększenie i utrzymanie krajowego wydobycia ropy naftowej. Zmniejszenie uzależnienia od zagranicznych źródeł ropy naftowej poprawi bezpieczeństwo narodowe i pozwoli USA uniknąć wysyłania kobiet i mężczyzn do pracy w trudnych warunkach. Mimo że od 2005 r. łupki naftowe uważane są za zasoby strategiczne, prywatne źródła kapitału nie są przygotowane na zapewnienie wystarczającego kapitału w celu stymulowania rozwoju komercyjnego. Biorąc pod uwagę, że w przewidywalnej przyszłości Stany Zjednoczone będą zależne od zasobów ropy naftowej, rząd USA powinien dokonać niezbędnych inwestycji w celu rozwoju tego przemysłu. Dla Bartisa i in. (ibid.), jeśli dostarczyciele kapitału pozostaną niechętni do inwestowania w przemysł łupków naftowych, strategiczna potrzeba ropy naftowej oznacza, że rząd będzie musiał ostatecznie interweniować, niezależnie od kosztów.

Jednakże:

> *Chociaż zasoby łupków naftowych w Kolorado, Utah i Wyoming są ogromne, rzekomo przewyższają wszystkie pozostałe konwencjonalne zasoby ropy naftowej na świecie, nikomu nie udało się przekształcić ich w użyteczne zasoby po komercyjnych cenach, mimo wielu dziesięcioleci prób. Ograniczone zasoby*

> *ropy naftowej, zapowiadane przez niektórych jako odpowiedź na niezależność energetyczną Stanów Zjednoczonych, wymagają gęstych klastrów szybko wyczerpujących się odwiertów i ciągłych nowych inwestycji w celu utrzymania produkcji, w przeciwieństwie do dużych konwencjonalnych złóż z ubiegłego roku, które charakteryzowały się wysokimi przepływami i skromniejszymi spadkami odwiertów.* (Hughes, 2013, s.46)

Maugeri (2008, s. 214) wskazał jednak, że zwolennicy ropy naftowej w szczycie, tacy jak Hughes, zwracają uwagę na to, że potencjalny wkład paliw niekonwencjonalnych, takich jak łupki naftowe, jest zbyt kosztowny i szkodliwy dla środowiska, aby je produkować. "*Ale ten argument jest jawnie sprzeczny z ich własnym światopoglądem. Jeśli konwencjonalne oleje staną się rzadkie, a ich cena drastycznie i trwale wzrośnie, oznacza to, że niekonwencjonalne oleje staną się opłacalne do wydobycia i wprowadzenia na rynek*". (ibid.) W przypadku Maugeri i innych podmiotów taki scenariusz skłania rząd do podjęcia natychmiastowych i skoordynowanych wysiłków w celu komercjalizacji i rozszerzenia rozwoju z takich zasobów jak łupki naftowe. (ibid.)

Dla Hughesa (2018 r.) "rewolucja łupkowa" stanowiła tymczasowe odciążenie od tego, co wcześniej uważano za niemalże ostateczny spadek wydobycia ropy w USA. Biorąc pod uwagę fakt, że ułaskawienie związane z brakiem ropy naftowej wydaje się tymczasowe, Hughes opowiada się za amerykańskim planem ograniczenia wydobycia ropy łupkowej. (ibid.) USA powinny również odpowiednio zmniejszyć swoje zużycie energii:

> *Jest bardzo mało prawdopodobne, aby Stany Zjednoczone osiągnęły "niezależność energetyczną", chyba że zużycie energii znacznie spadnie. Najnowsze prognozy amerykańskiego rządu przewidują, że do 2040 roku USA nadal będą potrzebowały 36 procent swojego zapotrzebowania na płynną ropę naftową z importu, nawet przy bardzo agresywnych prognozach wzrostu produkcji gazu łupkowego i ropy uwięzionej w łupkach (tight oil) przy zastosowaniu technologii szczelinowania hydraulicznego.* (Hughes, 2013, s.3)

Obecnie produkcja USA z obecnych niekonwencjonalnych źródeł ropy naftowej nie wydaje się zrównoważona w perspektywie średnio- i długoterminowej. W konsekwencji Stany Zjednoczone prawdopodobnie ponownie staną się bardzo uzależnione od importowanych źródeł ropy naftowej. Hughes (2013) zakłada, że w 2019 r. produkcja niekonwencjonalna w USA osiągnie szczyt. W związku z tym, aby USA mogły zwiększyć własną produkcję ropy naftowej w obliczu tego spadku, będą musiały rozwijać alternatywne źródła energii, starając się jednocześnie powstrzymać prognozowany wzrost zapotrzebowania na energię. Ameryka posiada najbardziej rozległe zasoby łupków naftowych na świecie i określiła je już jako zasoby strategiczne. Jednakże, w kategoriach czysto handlowych, wydaje się mało prawdopodobne, aby przemysł łupków naftowych pojawił się na rynku, ponieważ w chwili obecnej istnieją pozornie niemożliwe do pokonania przeszkody ekonomiczne, środowiskowe i techniczne dla takiego przemysłu. Dlatego też jest mało prawdopodobne, aby w erze amerykańskiej niezależności energetycznej produkcja niekonwencjonalnej ropy naftowej została utrzymana. Rzeczywiście, cała koncepcja niezależności energetycznej USA, nie mówiąc już o dominacji, jest kwestionowana.

Pozytywnie odnosimy się jednak do zaleceń, które mogą przynajmniej służyć utrzymaniu badań i rozwoju w komercyjnym przemyśle łupków naftowych i które mogą służyć pobudzeniu zainteresowania komercyjnego i inwestycji. Godne ubolewania jest to, że prywatne źródła kapitału (TomCo, 2014) wydają się niechętne do zapewnienia kapitału założycielskiego w celu zwiększenia skali operacji związanych z łupkami naftowymi. Dlatego też władze USA powinny dokonać niezbędnych wstępnych inwestycji finansowych w celu stymulowania rozwoju powstającego przemysłu łupków naftowych. Rzeczywiście, jak podkreślają Bartis et al. (2005), strategiczny wymóg dotyczący ropy naftowej w nadchodzących dziesięcioleciach będzie prawdopodobnie oznaczał, że rząd USA będzie musiał wkroczyć i sfinansować rozwój branży w jej początkowej fazie, niezależnie od kosztów.

W przypadku Cleveland i O'Connor (2011) technologia, która emituje niskie poziomy gazów cieplarnianych w połączeniu z rozsądnym EROI, z pewnością powinna być rozważana jako alternatywne źródło energii. Bartis et al. (2005) twierdzą, że należy przychylnie patrzeć na najnowsze osiągnięcia technologiczne oraz że wydobycie powierzchniowe i ripostowanie łupków naftowych należy do portfela badań i rozwoju USA. Wskazują one również na znaczące długoterminowe możliwości badawcze związane zarówno z retortowaniem powierzchniowym, jak i in situ. Naszym zdaniem rząd Stanów Zjednoczonych powinien stać na czele bieżących wysiłków badawczych w zakresie tych technologii. Ponadto decydenci będą musieli zająć się ważnymi kwestiami politycznymi, takimi jak dostępność wody i inne kwestie związane z ochroną środowiska, przed ostatecznym wprowadzeniem na rynek. Ponadto wysiłki rządu w zakresie badań i rozwoju powinny być specjalnie ukierunkowane na obniżenie kosztów przetwarzania łupków naftowych. Wynikające z tego krótkoterminowe obciążenia finansowe dla rządu mogą być uzasadnione:

> *W zakresie, w jakim badania wspierane przez rząd obniżają koszty produkcji i/lub promują wcześniejszą produkcję komercyjną, wartość bieżąca korzyści społecznych jest rzędu miliardów.* (Bartis et al, 2005)

Inwestorzy będą musieli ściśle monitorować inicjatywy rządowe dotyczące łupków naftowych. Być może inicjatywa rządowa może stanowić katalizator szybkiego rozwoju i odpowiedni punkt wejścia dla inwestycji kapitału prywatnego. Uważamy, że zarówno jeśli chodzi o inwestycje w badania techniczne, jak i rozwój polityki w odniesieniu do łupków naftowych, wysiłki rządu powinny być ciągłe i niesłabnące. W konsekwencji wysiłek i wiedza rządu mogą zostać wykorzystane przez prywatne firmy na zasadach komercyjnych, a branża będzie miała dobre warunki do udanego startu.

Stany Zjednoczone powinny udostępnić grunty federalne pod dzierżawę i zagospodarowanie łupków naftowych oraz zapewnić warunki do przyspieszonej dzierżawy i zagospodarowania w odpowiednim czasie. Nie można oczekiwać, że przedsiębiorstwa prywatne rozwiną i utrzymają strategiczną branżę, w której wczesne koszty są niekonkurencyjne w stosunku do istniejącej produkcji i przywozu, i w której ryzyko znacznego wczesnego ryzyka jest wysokie, bez komfortu związanego z subsydiami rządowymi. Osiągnięto jeden cel komercyjny, Bartis et al. (ibid.) sugerują ustanowienie gwarancji cen minimalnych i długoterminowych umów kupna na warunkach korzystnych dla producentów łupków naftowych. Proponują one wiele dodatkowych środków, które poparlibyśmy: ulgi podatkowe na przyspieszoną amortyzację, dotacje budowlane i subsydia w przeliczeniu na baryłkę produkcji. Bartis et al. (ibid.) sugerują, że wczesna analiza wariantów polityki łagodzenia ryzyka rynkowego i wczesnej produkcji oznaczałaby zachęty takie jak ukierunkowane ulgi podatkowe w celu promowania wydobycia łupków naftowych i zapewnienia równych szans w odniesieniu do paliw konwencjonalnych. Poprzez zastosowanie tej analizy można przyspieszyć skalowanie i potwierdzenie.

Dodatkowym krokiem powinno być niezwłoczne utworzenie podmiotu podobnego do "U.S. Synthetic Fuels Corporation" (United States Bureau of Land Management, 2012, s.15) oraz naukowej rady doradczej. Organy te byłyby finansowane przez rząd i ustanowione w celu wspierania rozwoju przemysłu łupków naftowych w sercach i umysłach amerykańskich decydentów politycznych i społeczeństwa. W tym celu korporacja utrzymywałaby powiązania z odpowiednimi wydziałami akademickimi, aby wspierać dalsze badania naukowe. Należy opublikować ciągłą bazę danych i archiwum, stanowiące oficjalny zapis przemysłu łupków naftowych w Stanach Zjednoczonych. Działania te mogłyby zostać podjęte we współpracy z Instytutem Czystej i Bezpiecznej Energii Uniwersytetu w Utah (ICSE).

Długoterminowe korzyści z produkcji łupków naftowych są oczywiste:

> *Konserwatywne założenia dotyczące elastyczności podaży i popytu przynoszą dodatkowe korzyści dla amerykańskich konsumentów w wysokości od 15 do 45 mld USD rocznie z powodu spadku światowej ceny ropy.* (ibid.)

Można by dodać, że korzyści geopolityczne dla Stanów Zjednoczonych wynikające z takiego scenariusza są nieobliczalne. Dlatego też, chociaż w obecnych okolicznościach wydaje się, że wydobycie ropy naftowej ze złóż niekonwencjonalnych w USA jest niezrównoważone, istnieją argumenty przemawiające za strategicznymi inwestycjami w łupki naftowe w perspektywie krótkoterminowej, w celu wspierania przemysłu, który zmniejszy zależność USA od importu i przyczyni się do zmniejszenia globalnej ceny ropy naftowej wraz z towarzyszącymi temu korzyściami. Podczas gdy w tym scenariuszu Stany Zjednoczone nie będą całkowicie "niezależne energetycznie", dostawy łupków naftowych mogą mieć wystarczający czas trwania, aby umożliwić ekonomiczny rozwój zastępczych, niewęglowych alternatyw. Niezależnie od inwestycji rządowych, firma Spinti & Smith (2017 r.) sugeruje, że debata o tym, czy eksploatować zasoby łupków naftowych, będzie kontynuowana. Twierdzą oni, że w ostatecznym rozrachunku ekonomia będzie motorem społecznych decyzji dotyczących rozwoju łupków naftowych. Wsparcie dla takiego rozwoju będzie ostatecznie zależało od równowagi między świadczeniami socjalnymi a kosztami społecznymi. (ibid.)

Referencje

Bartis, J.T., LaTourette, T., Dixon, L., Peterson, D.J., Cecchine, G. (2005) *Oil Shale Development in the United States: Perspektywy i kwestie związane z polityką*. California:Rand Corporation

Berman, A. (2017a) *Why Investors Should Beware Of The Bakken*. [online] [Dostęp uzyskano 15 czerwca 2018 r.] Dostępne pod adresem: < https://oilprice.com/Energy/Crude-Oil/Why-Investors-Should-Beware-Of-The-Bakken.html>

Berman, A. (2017b) *Houston Geological Society Presentation*. [online] [Dostęp do Septenber 1st 2018] Dostępny pod adresem:< http://www.artberman.com/houston-geological-society-presentation-11-september-2017/ >

Berman, A. (2018a) *Bakken/Three Forks Water Cut Increased*. [online] [dostęp 1 września 2018]. Dostępne pod adresem: < https://twitter.com/aeberman12/status/1031201446610518016 >

Berman, A. (2018b) *Wydobycie ropy naftowej przekroczyło szczyt z kwietnia 2015 r. tylko z powodu nadzwyczajnej ekspansji produkcji w basenie permskim*. [online] [dostęp 1 września 2018]. Dostępny pod adresem < https://twitter.com/aeberman12/status/1030928030372438023 >

Birger, J. (2008) The Politics of Oil Shale. [online] [dostęp 1 września 2018]. Dostępne pod adresem: < http://archive.fortune.com/2008/06/06/news/economy/birger_shale.fortune/index.htm >

Brendow, K. (2003) Global Oil Shale Issues and Perspectives. *Oil Shale,* **20** (1) *str. 81-92*

Cleveland, C.J. & O'Connor, P.A. (2011) Energy Return on Investment (EROI) of Oil Shale. *Zrównoważony rozwój* **2011** (3) s. 2307-2322

Cooper, D.R. & Schindler, P.S. (2014) *Business Research Methods*. 12. edycja. Nowy Jork: McGraw-Hill

Crawford, P.M. & Stone, J. (2011) Secure Fuels from Domestic Resources. 5. edycja. Washington:Intek Inc.

Dana, T. & Patten, W. (2011) *Metody pozyskiwania węglowodorów z materiałów węglowodorowych przy użyciu zbudowanej infrastruktury i powiązanych systemów.* MY 7.862, 705 B2

Darbonne, N. (2014) *The American Shales.* Karolina Południowa: Tworzenie przestrzeni

DiChristopher, T. (2017) *Trump chce, aby Ameryka dominowała energetycznie. Oto, co to znaczy* [online]. [Dostęp 25 sierpnia 2018] Dostępne pod adresem: < https://www.cnbc.com/2017/06/28/trump-america-energy-dominant-policy.html>

EIA, (2018) *Petroleum & Other Liquids* [online]. [Dostęp 1 września 2018]. Dostępne pod adresem: < https://www.eia.gov/dnav/pet/hist/LeafHandler.ashx?n=PET=MCRFPUS2=M>

Fanchi, J.R. & Christiansen, R.L. (2017) Wprowadzenie *do Petroleum Engineering.* New Jersey: Wiley

Heinberg, R. (2013) *Shake Oil: How Fracking's False Promise Of Plenty Imperils Our Future.* Kalifornia:Post Carbon Institute

Hughes, D.J. (2013) *Drill, Baby, Drill.* Kalifornia:Post Carbon Institute

Hughes, D.J. (2018) *Shale Reality Check.* Kalifornia:Post Carbon Institute

Hyne, N.J. (2001) Petroleum Geology, Exploration, Drilling, and Production, 2nd ed. Oklahoma:Pennwell

Kallemets, K. (2016) Economic Sustainability of Estonian Shale Oil Industry until 2030. *Łupki naftowe*, **33** (3) str. 272-289

Kann, J. (2012) Prospect Oil Shale Utilization. *Łupki naftowe*, **29** (1) pp 1-2

Levy, D.L. And Kolk, A. (2002) *Business and Politics*, **4** (3) pp.275-300

Mann, C.C. (2013) Co jeśli nigdy nie zabraknie nam ropy? [online] [Dostęp uzyskano 15 czerwca 2018 r.] Dostępne pod adresem: <https://www.theatlantic.com/magazine/archive/2013/05/what-if-we-never-run-out-of-oil/309294/>

Maugeri, L. (2008) The Age of Oil. USA: First Lyons Press

Maugeri, L. (2012) *Oil: Następna rewolucja. Mgr* Cambridge: Harvard College

Moore, S. & White, K.H. (2016) Fueling *Freedom.* Washington:Regnery

National Energy Policy Development Group (2001) *Reliable, Affordable, and Environmentally Soundly Energy for America's Future.* Washington:US Government Printing Office

Paraskova, T. (2017) US Oil Has One Fatal Weakness [online]. [Dostępny od 25 sierpnia 2018 r.] Dostępny pod adresem: <https://oilprice.com/Energy/Crude-Oil/US-Oil-Has-One-Fatal-Weakness.html>

Pasqualini, D. i Bassi, A.M. (2014) Polityka dotycząca łupków naftowych i klimatu w kierunku gospodarki niskoemisyjnej i bardziej odpornej na zmiany klimatu. *Prognozowanie technologiczne i zmiany społeczne 86* **s.** 168-176

Pensa, M. (2014) A Social License to Mine Oil Shale. Olej *łupkowy*, **31** (2) str.103-104

Phillips, Z. (2013) TomCo Energy: Shale Oil's New Dawn. Londyn:Fox Davies Capital

Raukas, A. (2012) New Trends In Estonian Oil Shale Industry. *Oil Shale*, **29** (3) str. 203-205

Reinsalu, E. (2014) 30 Years of The Journal Oil Shale. *Oil Shale*, **31** (4) str. 313-4

Ritz, R. (2016) OPEC kontra US shale: Analiza przejścia na strategię udziału w rynku. [online] [dostęp 1 września 2018]. Dostępne pod adresem: < https://www.eprg.group.cam.ac.uk/wp-content/uploads/2016/11/Ritz_OPEC-Shale_November2016_slides-final.pdf >

Ruple, J, Keiter R, (2010) Water for Commercial Oil Shale Development in Utah: Clarifying How Much Water is Needed and Available, *Journal of Energy & Natural Resources Law, 28* (**1**) pp.49-86.

Saunders, M., Lewis, P. i Thronhill, A. (2007) *Research Methods for Business Students.* Harlow:Pearson Education Limited

Siirde, A. (2015) *Oil Shale*, **22** (1)

Siirde, A. (2015) Oil Shale Related Fundamental Research and Industry Development. *Łupki naftowe*, **32** (1) str.1-4

Spinti & Smith (2017) A *Decade of Oil Shale Research (2006-2015). in* Spinti, J.P. (red.) (2017) Utah *Oil Shale: Nauka, technologia i perspektywy polityczne*. Floryda:CRC Press

Podkomisja ds. Energii i Zasobów Mineralnych Komitetu ds. Zasobów Amerykańskiej Izby Reprezentantów (2005) *The Vast North American Resource Potential of Oil Shale, Oil Sands, And Heavy Oils, część 1 i 2.* Washington:US Government Printing Office

Taciuk, W. (2013) Czy łupki naftowe mają znaczącą przyszłość? *Łupki naftowe*, **30**, (1) str.1-5

TomCo Energy PLC (2016) *Aktualizacja dotycząca Red Leaf i Ecoshale In-Capsule Process* 14 czerwca.

Trump, D. (2015) *Crippled America: How to Make America Great Again.* Nowy Jork: Simon & Schuster

United States Bureau of Land Management (2012) *Propozycja zmian w planie zagospodarowania przestrzennego dla alokacji zasobów łupków naftowych i piasków bitumicznych na gruntach administrowanych przez Bureau of Land Management w Kolorado, Utah i Wyoming oraz ostateczna programowa ocena oddziaływania na środowisko* (Vol.5) Waszyngton: US Department of the interior

United States Congress House of Representatives Committee on Resources, Subcommittee on Energy and Mineral Resources (2005) *The Vast North American Resource Potential of oil Shale, Oil Sands and Heavy Oils, Parts 1 and 2.* 109-22 Washington:U.S. Government Printing Office.

Yin, R.K. (1994) *Case Study Research* (2nd ed.) Londyn: Sage

Zee Ma. Y. (2016) Zasoby niekonwencjonalne od etapu poszukiwań do wydobycia *w* Zee Ma, Y i Holditch, S.A. (red.) (2016) *Podręcznik dotyczący niekonwencjonalnych zasobów ropy naftowej i gazu ziemnego.* Oxford:Gulf Professional Publishing

Printed by Books on Demand GmbH, Norderstedt / Germany